国家出版基金项目
NATIONAL PUBLICATION FOUNDATION

"十四五"时期国家重点出版物
出版专项规划项目

现代化进程中的哲学问题与哲学话语
系列研究丛书

郝立新　主编

现代化进程中的
中国网络社会
伦理研究

李　萍——著

辽宁人民出版社

©李 萍 2023

图书在版编目（CIP）数据

现代化进程中的中国网络社会伦理研究 / 李萍著.
—沈阳：辽宁人民出版社，2023.5
（现代化进程中的哲学问题与哲学话语系列研究丛
书/郝立新主编）
ISBN 978-7-205-10705-5

Ⅰ.①现… Ⅱ.①李… Ⅲ.①计算机网络—伦理学—
中国 Ⅳ.①B82-057

中国国家版本馆CIP数据核字（2023）第012148号

出版发行：辽宁人民出版社
　　　　　地址：沈阳市和平区十一纬路25号　邮编：110003
　　　　　电话：024-23284321（邮　购）　024-23284324（发行部）
　　　　　传真：024-23284191（发行部）　024-23284304（办公室）
　　　　　http：//www.lnpph.com.cn
印　　刷：辽宁新华印务有限公司
幅面尺寸：170mm×240mm
印　　张：14
插　　页：2
字　　数：220千字
出版时间：2023年5月第1版
印刷时间：2023年5月第1次印刷
责任编辑：王　增
装帧设计：留白文化
责任校对：吴艳杰
书　　号：ISBN 978-7-205-10705-5
定　　价：70.00元

丛书主编

郝立新，中国人民大学明德书院院长，教育部长江学者特聘教授，哲学院教授，马克思主义学院教授。兼任教育部教学指导委员会（哲学专业）副主任委员，国务院学位委员会哲学学科评议组成员兼秘书长，中国马克思主义哲学史学会会长，中央马克思主义理论研究和建设工程首席专家。曾任人大哲学院院长、马克思主义学院院长。

主要研究领域：马克思主义哲学，中国特色社会主义理论体系。近年主要著作有：《当代中国马克思主义哲学研究走向》《马克思主义发展史》《新时代中国发展理念》《当代中国文化阐释》《习近平中国特色社会主义思想的哲学意蕴》（英文版）、《中国现代化进程中的价值选择》。在《中国社会科学》《哲学研究》《马克思主义研究》《人民日报》《光明日报》《新华文摘》等刊物上发表论文二百多篇。

本书作者

李萍，哲学博士、东京大学博士后，现为中国人民大学哲学院教授、博士生导师、中国人民大学茶道哲学研究所所长。专业主攻方向为管理哲学、应用伦理学、茶道哲学等。先后主持国家重大招标项目 1 项、一般项目 2 项、教育部项目 2 项、北京市项目 2 项、贵州省重大项目 1 项、中央网信办委托项目 1 项、中国人民大学项目 1 项。2002 年入选霍英东青年教师基金、2008 年入选新世纪优秀人才支持计划。迄今发表学术论文百余篇，出版个人专著 10 部，合著 10 余部。

总　序

　　现代化是世界性的社会运动或历史进程。从世界范围看，现代化既具有普遍性规律和共同特征，同时又具有由各国历史、制度和经济文化等条件所决定的特殊道路或具体特征。在当代，现代化与哲学之间形成了复杂而丰富的关系。哲学发展受到现代化的深刻影响，同时又对现代化进行批判性的反思和积极性的建构。现代化进程中产生的种种问题备受哲学关注，并引发哲学研究在现实维度上的拓展与深化；哲学对现代化的深层联系和发展密码进行解读，对人们从宏观上、整体上把握现代化具有重要意义。

　　改革开放之初，邓小平提出了"面向现代化、面向世界、面向未来"的深刻洞见，对中国教育和哲学社会科学发展产生了深远影响。现代化发展一直是当代中国哲学非常关注的现实问题。当我们进入新时代、迈上现代化新征程之际，需要认真思考哲学应如何继续"面向现代化"，如何进一步关注和回应中国式现代化发展进程中的重大问题。笔者认为有必要关注以下方面。

　　第一，要深入挖掘和充分运用马克思哲学思想的资源，以历史唯物主义为指导。在分析和认识现代化的过程中，存在多种解读模式或理论范式。马克思哲学思想对于我们考察和解读现代化具有重要指导意义。从一定意义上说，马克思对资本主义社会的理论分析与对资本主义现代化的理论分析是一致的。马克思关于社会历史辩证法的思想，关于对资本主义历史进步性的肯定和对资本主义的局限性的分析，关于从民族历史向世界历史的转化、从人的地域性存在向人的世界性存在的转化的论述，关于对资本逻辑的批判和对资本主义异化特别是劳动异化的分析批判，关于社会进步和人的自由而全面发展的思想，关于跨越卡夫丁峡谷的思想等，对于我们认识现代化的历史、现状和未来，对于我们比较资本主义现代化和社会主义现代化的特征和道路，具有重要的世界观和方法论意义。当前，我们秉持马克思的实践精神和批判精神，既要对现代化道路进行建设性的思考，也要对现代化进程中出现的问题进行反思性的批判。

第二，要整体地历史地把握现代化，认清现代化的整体性和复杂性。现代化是一个历史性范畴，也是一个总体性范畴。现代化既是一个历史过程，又是包含多个层次、多向维度、多种矛盾的复杂结构。各个时期、各个国家对这一概念的理解有所不同，甚至大相径庭。从总体上看，现代化是当今世界许多国家发展的重要目标和趋势。它既是历史发生的过程，又是现实进行的运动，也是未来发展的趋势。考察现代化，应该从历史与现实、民族与世界、普遍与特殊、科学与价值、建构与批判等多种维度或比较视野来思考。如果说现代化运动肇始于18世纪的西欧，那么至今已跨越三个多世纪。从世界范围看，现代化有着一些共同的指向和公认的指标，但是各个民族或国家的现代化又存在不同的发展道路、不同的具体目标。从科学维度看，现代化是一个"类似于自然发展的历史过程"，即具有其物质基础、内在的规律性，具有与社会形态发展规律相一致的客观性；从价值维度上看，现代化是由一定社会主体（民族或国家）的利益驱动、为实现一定价值目标的社会运动，是一个进行价值认知、价值认同、价值评价、价值选择、价值创造和价值实现的过程。我们要在现代化发展的规律性、必然性和主体性、价值性的统一中把握现代化，在决定性和选择性中把握现代化。一方面，要看到从传统的农业社会向现代工业社会、信息社会乃至更高文明社会转型或发展过程中必须依赖一定的物质前提、文明条件；另一方面，又要看到与现代化发展相联系的社会制度和实现路径存在多样性和选择性。

第三，深入分析现代化进程中的各种矛盾关系，探索现代化进程中如何实现社会全面进步和人的全面发展目标的路径。无论是在中国还是其他国家，现代化进程往往都存在物的发展与人的发展、物质生活与精神生活、群体发展与个体发展、人与自然环境之间的矛盾，这些矛盾在不同的历史阶段、不同的国家、不同的社会制度下，具有不同的表现和解决途径。在当代中国，如何在促进物的全面丰富的基础上促进人的全面发展、丰富人民的精神世界、提高社会的文明程度的问题日渐凸显。当前，人的现代化和共同富裕备受关注。从社会发展目标和发展动力来说，现代化的本质是人的现代化。人的现代化不是抽象的命题，它是人的发展与总体现代化进程相一致的过程，是人的素质、能力、品格、社会关系由传统状态向现代状态的转变。如果社会现代化没有体现在人的现代化上，或者没有人的现代化作为支撑，那么这样的现代化是不健全的，也是缺乏持续前进的动力的。共同富裕是全体人民的共同富裕，是物质生活和精神生活的共同富裕，是需要经过长期奋斗而逐步实现的过程。以共同富裕为价值目标的中国式现代化，不仅要促进物质文明和精神文明的发展，而且需要大力推进国家治理体系和治理能力现代化，为共同富裕提供制度保障。我们期待，中国式现代化的推进对于普惠人民、造福人类发挥更为重要的作用。

本系列丛书旨在汇聚哲学各分支领域的研究者，对世界现代化和中国式现代化进行多维透视，深化对现代化的哲学问题的研究。受到后现代思潮中解构主义影响，现代化所产生的问题被解构为各自独立的问题，这就造成问题分析与应对的桎梏。因此，有必要通过诸学科联合、相互交叉的方式，从多维视域立体地建构对于现代化问题的全面解读和辨析，进而将碎片化和孤立的视域集合成具备有机整体性、实践性、现实性和历史性的多维视域，以此来形成系统的具有实践意义的有机理论体系。哲学作为人类智慧的凝结，应当肩负起时代的责任，在现代化背景下，对人如何处理与诸多因素之间的关系问题，从思想与实践的双重维度提出应对方案与分析，给予中国现代化进程以强有力的支撑。推陈出新，建立中国自主的话语体系，成为当前哲学工作者亟须面对的重大学术命题。本系列丛书关注并研究了以下问题。

关于现代化和主体性的问题。自工业革命以来，人类生产力的发展速度有了飞跃的提升，呈加速度的状态，推动了人类历史发展，人的生存方式发生了本质性的变化，人的主体性得到了极大的觉醒。与此同时，人与自身、人与人、人与其他事物之间的关系也产生了一定的变化。在现代化过程中，人类的存在方式、交往方式、社会系统和思想观念等，都受到现代化的深刻影响。个体与社会之间的张力愈加突显，"实现自我"与"公共视野"自觉或不自觉地成为人们亟须应对的问题之一，并由此衍生出"治理主体"的合法性问题。此外，主体性的觉醒，使得个体较以往更为关注自身，那么在地方、国家乃至全球的治理过程中，个体的权利与义务、公共性以及正义，在新的时代被赋予了新的内涵，再次成为人们关注的热点。基于上述语境，现代化问题就其本质而言，是对于人的问题，是人与自身、人与人、人与其他事物之间的关系问题。现代化问题从宏观来说，包括如何处理与自然、科技、宗教、传统文化、人自身以及主体间关系等一系列问题。近代以来，人的主体性得到极大的觉醒，自人类进入现代社会，人们如何处理"过去"和"现代"成为一个普遍性问题，如何对过往进行扬弃，适应新的时代，是现代化过程中所有领域都必须面对的。现代化的过程还伴有全球化过程，使得"全球化"的一般性与"民族"的特殊性之间的碰撞，较以往更为激烈，受到人们的普遍关注。

关于建构理解和把握现代的概念框架和现代化进程中人的生存问题。"现代"是标志人类文明发展的形态学概念。从横向空间的角度来讲，现代就是指现代社会；从纵向时间的角度来看，现代就是指现代历史。当历史进入现代，哲学家以实践思维的方式关注现实，对热点问题作出与时俱进的哲学审视，从而超越虚无与喧嚣，安顿我们的心灵。置身于现代性的境遇，我们需要解读当代哲学的公共视野，反思现代性的悖论与后现代哲学的解构之维，思考如何在时代语境中哲学地"改变世界"，阐释人们在现代社会实现自我的思想根基，对人生的可能之路作出兼具现实性与超越性的价值选择，回归生活世界的精神家园。

从西方现代化的大背景看，现代是人被确认为认知主体、权利主体和欲求主体的解放时代。资本和权力以不同的方式规定了现代主体性解放在知识生产、权利保障和欲求满足三个维度上的成就与限度。现代展开为以主体性为中心，以资本和权力为两翼，以知识、权利和欲求为支点而构成的立体结构。通过阐释现代的这些基本概念及其相互关系，为探讨人类社会历史发展的现代化历程提供了宏观的总体性视野，避免了单向度的还原主义理解带来的局限。中国式现代化超越了西方现代化的资本逻辑，开创了人类文明新形态。阐释中国式现代化生成，发展、成形和达到理论自觉以及在实践中再出发的规律，是本丛书担负的一个重要使命。

关于从现代化视角关照中国哲学的问题。现代化使得历史的发展呈现出加速度的状态，使得人类自身与当下现实出现了一定的张力，并且这种张力会随着加速度的提升而增大，人受到精神与现实的双重压迫。当我们从传统文化和思想领域切入，为了缓解这种张力，我们需要对传统进行溯源。一方面，从历史的维度对既有思想和理论进一步挖掘，以历史和现实为基础，并对其进行扬弃，为新的思想和理论的建构做好基础性铺垫；另一方面，从历史之中汲取必要的历史经验，以此为依托，与现实经验相互参照，对中国哲学(广义)进行理论上的补充和建构，反思现代文明的发展，以此再返还中国哲学自身，从政治、伦理和生态三个维度对中国哲学进行建构，让理论自身能够与时代接轨，建立中国自己的学术话语体系，以满足现代化社会的发展需要。作为中国哲学(广义)有机构成中的重要组成部分，中国化的马克思主义哲学亦是如此。中国哲学具有鲜明的特点，即历史性特点、经典性特点和批判性特点，需要在历史中重新确立其主体身份，在经典研讨中激活源头活水，在批判性反思中重构自身。若不能深切把握这三个特点，就无异于失却了自我。当代中国哲学关注的问题都是全球现代化进程中的普遍性问题，如哲学的主体性与普遍性、公民教育、启蒙、权力、生态伦理、气候变化等，这些都是持久不衰的话题，既具有理论性质又富于现实意义。通过对它们的认真探讨，可以充分体现中国哲学之于现代社会、现代世界的"鉴照"。

关于现代化进程中的科学技术问题。现代化进程中最为突出的特色是人和技术的高度交互，技术在各个层面都在深入影响人的生活。这不仅反映在技术可以作为一种工具被随意使用，也反映为技术本身在重塑主体性。前沿技术的发展总是超越了现有法律和伦理框架，亡羊补牢式的研究办法不能提前预知技术可能造成的各种伦理困境，人在物的使用中始终保持高度的道德自由。所以，我们能够把握的，只能是人的意向，技术造成的结果完全由人的意向决定。随着我国进一步深化改革，国际政治经济实力进一步提升，如何处理技术发展和伦理之间的张力成为亟须解决的问题，建构一个有说服力的、能够连接人和技术人工物的主体性观念，并给技术哲学，尤其是技术伦理学讨论提供规范性资源，成为哲学的又一历史任务。当前，中国社会正在进入深度科技化时代，科技在带来巨大机遇的同时也带来诸多风险和挑战。诸多技术风险无法通过技术评估的方法得以规避，这是因为技术评估思路预设了技术是中立的工具，人是唯一的能动者这一现代形而上学，继而无法深刻理解人与技术的关系。只有克服这一现代形而上学，才能真正解决技术风险问题。技术意向性研究指出，技术并非是中立的工具，可任由人使用。技术有意向性，技术意向性始终调节人的知觉，深刻地影响人的根本存在。人与技术在能动性的生成意义上是彼此共构的。伴随科学技术和全球经济一体化的推进，现代化同人们的生活紧密交织在一起，从思维到人们的实践活动，再到社会制度，乃至人们的信仰，都受到了影响和改变。面对时代的变迁，原有的逻辑思维方式已经不能适应快速发展的现代化，逻辑和批判性思维能力的现代化成为亟待解决的时代课题。如何提高人的逻辑和批判性思维能力，是我国现代化进程中必须认真对待的问题。

关于现代化进程中的伦理问题。现代化进程极大地改变了人们的现实环境，使得人们的交往方式发生改变。而互联网的迅猛发展，对基于以往生产方式和生活方式的伦理和道德提出了挑战，如何从思路、手段、途径和方法等方面提出可行性的应对方案，如何在延续原有道德和伦理的优良因素的基础上继往开来，成为中国现代化建设过程中需要攻克的难题。其中，中国网络社会的伦理问题值得关注。网络社会具有区别于农业社会、工业社会的现时代特征，这就是以信息技术为主导的科技进步带来的人的生存方式、交往方式和时空观念的巨大改变，这是对网络社会之历史必然性的揭示。中国政府、中国企业、中国国民在网络社会中提出了多种应对方式，同时面临不少困境。研究者从理性主义现代性问题意识入手，从责任伦理出发，依据责任的大小和关联程度，着重探讨中国网络社会中的各个不同主体的责任及其实施方式，从应用伦理层面为中国网络治理的合法性和构建基于网络社会的人类命运共同体的尝试提出了学理建议。

关于国家治理体系和治理能力现代化的问题。国家治理的本质是在国家与社会之间建立一套规范性系统，这个规范性系统不能仅仅用"典章式"的制度体系来概括，而应被理解为一个良性的、"活的"社会生态系统。要建成这样一个系统，不仅需要制定一系列设计完备、相互衔接的制度体系，更需要在运行这个制度体系的过程中形成一种良性的活动机制。前者是治理体系的基础，后者是治理能力的核心。国家治理的规范性系统需要德治即伦理系统的驱动，伦理系统虽然也是一种约束机制，但这种约束是一种自我约束，其目的是追求某种道德价值。法治不但要契合这些伦理特性，而且要稳定、优化、提升和重组这些伦理特性。从国家治理的角度讲，这就是法治的规范性功能。立足于这一功能，法治构成了国家治理之规范性系统的两大支柱之一，为社会的良性运行提供了刚性的约束机制。在国家治理体系与治理能力现代化的大背景下，为构建国家治理的伦理系统提供一个理论论证和建设思路，研究者从政治与伦理的关系讨论当代政治哲学中道德主义与现实主义的关系，并提出新时代马克思主义伦理学与德治文化共同构成当代中国国家治理现代化事业的文化之基，这是一种具有中国特色的现代文化治理方案。

此外，本丛书还从马克思主义中国化时代化以及当代中国社会实践发展的角度探讨了中国式现代化的实践逻辑。

中国已踏上现代化的新征程，中国与世界的联系更加紧密。在世界历史进程中把握中国式现代化的民族性和世界性，认清中国现代化道路的特质，是中国哲学工作者的重要使命。我们期待这套丛书能为关注现代化的读者提供一些参考、引发一些思考。

十分感谢中国人民大学"双一流"建设项目和北京市"双一流"建设

项目的资助。2019年，中国人民大学哲学院承担了"北京市与中央高校共建双一流大学"项目"现代化进程中的哲学问题与哲学话语"。本丛书是该项目的成果。最后，感谢辽宁人民出版社的大力支持，使本丛书顺利出版。

郝立新

2023年4月

目 录

第六章

现代化进程中的网络责任伦理构建

∨

导　论

　　中国的网络社会有着与西方不同的起源、过程和演进阶段，相应地，围绕网络社会产生的伦理问题也具有中国自身的特殊性。本书将"网络社会"植入中国现代化进程这一宏大的社会变迁之背景下，一方面强调网络社会有别于农业社会、工业社会初期的现时代特征，即以信息技术为主导的科技进步带来了人的生存方式、交往方式和时空观念诸多领域前所未有的巨大改变；另一方面指出中国政府、中国企业、中国国民在网络社会中的应对方式及其困境都迎应了中国现代化进程的特定节点，这也在一定意义上接续了百余年来艰巨而未竟的现代化事业所遗留至今的任务。中国网络社会应有的价值观以及相应的网络治理的合法性追问都应当放置于这一现代化的历史长河之中，才能真正寻求网络社会之历史必然性，中国网络社会也因此构成了网络社会人类命运共同体的有机组成部分。为此，我们将从理性主义现代性入手，提出以责任概念为关键词的应用伦理分析框架，依据责任的性质、大小和关联程度，着重探讨中国政府在网络社会中的行政责任及其实施方式，兼及中国互联网企业和广大普通网络使用者在其中的责任角色要求，并给予应用伦理的证成。

一、韦伯的理性主义现代性思想

从思想史上说，现代社会的责任之思想来源于西方，具体又有两个不同的出处：一个是古希腊罗马时期提出的、与个人意志相关的责任学说，以后的基督教、近代德国古典哲学都延续了这一路径。这一传统的责任思想解决了个体责任、责任的道德性的问题。另一个是韦伯对责任做出的限定进而赋予了新含义，即以客观性、因果性、价值中立为特征的责任类型，这样的责任概念立足高度流动、充满不确定性的现代社会，给出了责任追究、落实的可溯及链条，因此，它可以有效回答群体、集团行为相关的责任问题，即可以解释现代组织行为，例如政府、企业等如何实现效率、课责之类的问题。

首先，我们不妨深入考察一下"责任"概念的古今之变。在理解责任的问题上，韦伯与前人究竟有什么不同，韦伯的责任概念包含了哪些新意从而可以诠释现代社会的结构特征。

责任（obligation）概念最初是一个哲学概念，早在希腊化时期（公元前323年至前31年）就引起了部分哲学家们的关注，他们区分出"责任的行为"和非责任行为，前者指有意识、自主做出的行为，被认为有灵魂的物体都可以做出责任行为，如人、动物、神等。应当注意的是，古代人对"意识""灵魂"的理解远比现代人更为宽泛。斯多葛学派的代表人物芝诺（Zeno，公元前334或333—前262或261年）注意到，人的有些行为是无意识的，例如被路边的石头绊倒；人的有些行为是出于当事人的自主意识的，例如，人折下树枝打人。为什么要区分人的有意识行为和无意识行为呢？这是为了更好地回答如何对人的行为做出合理评价的问题。之前的人们可能会依据很多偶然的因素，例如某人的长相、他居住房子的方位、那天的天气等在今天的人们看来似乎毫无关联的方面来预测某些"因果关系"，这样的偶然因素古人还可能继续开列下去以至于无穷，但这些偶然因素都很难让人相信它们与人们正在做出的行为有内在的关系。芝诺仔细观察人的行为，并明确区分出上述两类不同的行为，从而揭示了人与某个特定行为之间的直接关系。对于那些由人的自主意识支配做出的行为，就被认为是"他的行为"，他是该行为的主体，他可以承受该行为的评价。而那些不是出于人的自主意识的行为，则表明他与这个行为是外在的、偶然的关系，他不必承受该行为的评价。芝诺做出这样的区分并确立起道德评价与人的自主意志行为之间的关系，获得了极高的赞誉，这也是芝诺所代表的斯多葛学派被视为德性主义的重要原因，他们开创了从理性出发诠释道德的路径。可见，一些西方古代思想家早就主张清楚无误地区分人的不同行为类型，突出人的自主意志在人的行为及其相应道德评价中的地位，从而指明了西方伦理思想的一个重要原则：道德评价以及道德规范直接落脚的是人的自主意志，这就促使"道德行为"成为属人的判断，无关人的意志的行为被排除在道德行为之外，道德评价也不再被滥用到自然界、动植物之上。理性主义伦理思想的兴起同时意味着对人的主体性、理性、自律等独特能力和地位的充分肯定。

在近代西方伦理思想中，上述观点得到了延续，同时也对"责任"的内涵做出了更为精致的严格限定，康德将它定义为出于善良意志的主体性要素，即主体对自己形成的准则的自觉服膺，"责任"同时标识了主体的特性和状态，由此，责任不再是形容词，而被定义为有特定内涵的名词，"有道德的人"与"责任"成为了同义词。康德的责任思想包括了如下鲜明的观点：（1）责任是主体性的。它不仅表明了主体在场，主体也正是因责任而成其主体的，二者是可互释的。（2）责任是准则的主观呈现。理性的存在者对准则的服从是基于理性思辨之后做出的，换句话说，责任也是理性选择的结果。这就排除了任性或感官好恶，责任具有高度的理性自觉所提供的强制力和必然性。（3）责任是个体式的。在康德看来，责任不同于义务，义务是具有普遍规约性的，是适用于一切场合、全部的理性存在者，因为义务直接来自不可质疑的、逻辑在先的绝对命令。责任则因加入了主体的思虑而打上了"他的"这一独特性，责任的承担者不是普遍主体，而是与受到普遍性制约的个别主体有关。这就将自由意志的主体性转向了自由意志的个体性。人不只是大写的人，更是独一无二的人。如果从责任角度理解"人是目的"，那么，成为目的的不只是类的人（区别于自然界、动物界的"人类"），同时也是个体、独立的人（区别于群众、公众等的"人民"）。

韦伯挑战了上述观点，颠覆了西方思想史有关责任的基本见解，注入了全新的立场和视角。韦伯将包括康德在内的西方伦理思想都视为前现代的传统伦理思想，他称之为"信念伦理"（Ethics of Conviction），这样的思想的核心是以当事人个人的信念、心志为原点，只求问心无愧，只在意自身行为与既定规则的符合程度。韦伯认为，这样的伦理思想已经不适应逐渐占据主导地位的现代工业社会和城市文明，因为在高度流动性和匿名化的现代社会，行为效率、后果的重要性开始超过了行为者的内在动机、意图，与之相应的新伦理就是"责任伦理"（Ethics of Responsibility）。显然，韦伯所理解的"责任"完全有别于之前的哲学家们，作为现代社会学的开拓者，他所关注的是现代人如何在社会中共处、如何理解不得不身处其中的社会。"责任"不再是个体独处时叩问内心的独白，相反，成为了人群互动的识别标志以及维护共享秩序的考量指标，同时也就成为了现代社会生活的重要价值（客观、理性的价值）维度。

作为现代思想家，马克斯·韦伯借助"责任"概念不仅清晰描绘了现代社会的组织结构及其功能特征，而且也给出了向现代社会转换的可能路径，这就是思维方式和价值观方面的理性主义变革。将"责任"与社会结构、组织行为和集团活动联系起来，这是一个全新的构想，因为此时的"责任"不再是个人意志的产物，而是所在社会、组织、集团的使命提出的客观要求，这样的责任内容就可以表达为专业化的分工、行事程序、任务目标等。

以后出现的"风险社会"学说和企业社会责任运动都活用了韦伯的责任概念。在现代行政学、管理学、经济学、法学领域，韦伯的责任概念都具有压倒性的影响力。联合国以及众多国际组织也对韦伯式责任概念做出了极大的扩充和推广，例如在人权保护方面提出了一视同仁的共同标准，在劳工权益维护上构建了包含全体缔约国最大公约数的行动准则，在全球环境保护和改善方面则提出了各国间"共同且有分别的责任"，等等。国家层面和广泛社会层面的责任共担、责任追究等都大大超出了传统的主观、个体式责任概念。时任联合国秘书长的安南在1999年1月达沃斯世界经济论坛年会上发起了《全球契约》，号召全世界各个国家各种规模企业共同参与建立一个支持开放、自由市场可持续性的社会与环境体系，确保世界各地的人民都可以获得分享全球经济带来的利益的机会。[①] 韦伯式责任概念不只是承担者范围的扩大、事项的增加，主要还在于概念性质内涵上的转变和重心的调整，客观、可测量和可落实到位成为了韦伯式责任的主要特点。

其次，我们进一步分析韦伯对"理性""理性化"的认识。

"理性"概念同样也是早在古希腊时期就被提出，它最初指人的一

---

① 李萍：《共同责任观：企业社会责任运动的伦理基础》，载《云梦学刊》2017年第2期，第12页。

种能力，能够透过现象去把握本质的认识能力，这种能力来自于人的大脑智力活动，因此，它比五官获得的感性能力要强、要高。不过，也有一些思想家对人是否有理性，理性是否一定比感性更可靠的问题给出了否定的回答，例如爱利亚学派的巴门尼德（公元前515年—前5世纪中叶）指出，理性无法获得确切无疑的知识，即便得到了也不可能传授给他人，巴门尼德成为怀疑主义的创始人。需要说明的是，怀疑主义并非只是消极、破坏性的，相反，怀疑主义提出的问题促使理性主义更加谨慎寻求逻辑自洽，避免独断论。总体而言，肯定理性存在及其特殊作用的思想仍然占据了上风，理性主义成为西方哲学史的主流。

理性主义所理解的"理性"不只是人的能力，更是人把握世界，并且为世界确定秩序的尺度，这样，"理性"的外在表现是人的思考、沉思、推理，"理性"的实现载体是逻辑、语言，理性的认识过程通常就是运用逻辑原则对概念、命题作出分析、审视。理性的认识对象不只是外在事物，认识者自身才是首要的对象，在雅典城邦德尔菲神庙入门处立着一个匾牌写道："认识你自己"。苏格拉底曾告诫他的弟子"未经思考的人生是不值得过的人生"，近代法国哲学家笛卡尔断言"我思故我在"，这些思想家都在强调要将"理性"置于无可置疑的神圣地位。

韦伯有所不同。一方面他继承了理性主义对理性的肯定，另一方面他赋予了"理性"新的含义，他缩小了理性的范围，限定了理性的作用方式，"理性"约等于"认知方式"或"思维倾向"，是在科学精神支持下对全部事物做出世俗理解的能力。这样的能力，不仅是人具有的，机器、机构、组织也可以具有，只要它们以合乎理性的方式形成并运转，它们就同样是理性的。例如，韦伯说道："事实上，国家本身，如果指的是一个拥有理性的成文宪法和理性制定的法律，并具有一个受理性的规章法律所约束、由训练有素的行政人员所管理的政府这样一种政治联合体而言，那么具备所有这些基本性质的国家就只是在西方才有，尽管用所有其他的方式也可以组成国家。"① 韦伯并不否认其他国家形式，但他明确指出，国家可以是理性的，理性的国家迄今为止只在西方率先出现了。韦伯分析了这样的理性国家为什么会首先产生于西方，他找到的根源之一就是"新教伦理"带来的工作伦理、计算式行为、营利资本主义等全新的社会互动、交往方式，这促使国家由农业时代的皇帝"私器"逐渐开放为现代性的"公器"，现代国家吸纳公众参与，为此，进行公共利益议题设置、诸多社会集团的利益较量和相互制衡机制，并将利益团体之间、公民与国家的关系落实为一系列成文、公开的法律和规则，现代国家由此避免了封建时代暴力夺取政权、血腥党争之乱，成为了目标明晰、可控的政治联合体。

韦伯进一步区分了"工具理性"和"价值理性"，认为前者才是适用工业社会、大规模组织化行为的认知方式。人不仅要认识事物，更要得出可验证、可重复的认识结果。后者却因执着于价值判断的出处和性质，经常陷入无休止的争执、冲突之中，无法落到实处，更不能给行动者提供当下可行、旁观者可视的建议。不仅如此，韦伯还提出了"理性化"的概念，这显然是接续了近代启蒙思想的基本精神，强调人对世界的主宰地位，用理性祛魅，即用科学原理解释世界，提出逻辑一致、合乎理性的结论。韦伯"理性化"的重要意义在于它的结构性，韦伯敏锐地意识到现代社会在结构上明显区别于传统农业社会，出于人口的增加、频繁的流动和巨大组织的出现，这些都使得依靠情感、血缘建立起的乡村生活共同体难以维系，必须建立起由理性标准——中立、客观的责任要求——才能持久维系社会成员的有机团结。这就要将承认特殊情感、血缘关系的礼俗世界与容纳无数陌生人并结成巨大组织的法理世界完全分离，这个分离最

---

① ［德］马克斯·韦伯：《新教伦理与资本主义精神》，于晓、陈维纲等译，生活·读书·新知三联书店1987年版，第7页。

初是从观念、意识的改变入手，最后落脚在人们的行动上，这就完成了"理性化"的过程。

最后，我们再了解一下韦伯对"现代化""现代性"的见解。

韦伯生活的时代，尽管已经暴露出了"现代社会"的诸多问题，但人们普遍持乐观主义立场，相信现代社会仍然值得向往，因为它比过去的时代更为进步，从而更为合理。其实，在这之前的很长一段时间内，在西方的精英阶层和上流社会，人们推崇的是"古典文明"，古典的形式才是受人尊敬的，莎士比亚的戏剧中就经常揶揄那些追求"现代"的人和标榜"现代"的现象，因为"现代"被当时的主流社会视为"粗俗""低级""不登大雅之堂"。"现代"之所以摆脱了被排挤、被嘲笑的处境转而被广为接受，得益于进化论所传播的一元式进步观念，自此，"现代"具有了正面价值，这是十分晚近的事情。作为观察细致、推理缜密的思想家，韦伯并未对"现代"相关的话题一味叫好，他曾指出现代化造成的人类与自身传统社会、历史文化的隔绝，市场竞争和民族国家间的冲突导致生灵涂炭，韦伯冷静地相信上述现象只是现代化的"副产品"，现代化仍然是可期的。

韦伯关于现代化的思想可以归纳为如下几点：第一，现代化首先产生于西方，它建立在营利资本主义基础之上。然而，"营利资本主义"不只是经济方面的特性，更主要是价值方面的，即视营利为正当、从事营利活动是天职，这一全新的观念来自于新教伦理。新教及其道德学说"新教伦理"都是西方近代宗教改革的产物。第二，现代化是一种非人格化的过程，现代化带来了公共教育的普及，使得知识、规则、法律成为人人可知的行为要求，在这些知识、规则、法律面前人人平等，出生自动获得的差异，如出身的家庭、阶层、地区等方面的差别，将逐渐被后天的社会流动所取代，个体烙印被抹平，附属于人格的种种特征被忽视，现代化的社会更为平均。第三，现代化之所以可取，在于它以效率为目标，效率是可以被计算出来的，呈现为各类数量化的数字，科学理论、因果链条、价值中立的理性分析等都保证了效率是可行的。尽管效率是排除价值考量的，追求效率的过程也不受价值因素的制约，但韦伯并不认为现代社会是非道德的或价值中立的，相反，他主张现代社会本身有其自身的伦理价值，如正义、平等、自由等，这些价值主要是通过政治进程（包括司法机构）来体现的，因此，这也是韦伯之所以大力倡导政治与行政的二分，并为实现行政效率设计了科层制的主要动因。

韦伯思想的深刻之处正在于，他对现代社会的认识是极其冷静和客观的。现代社会建立在市场经济基础上，市场自由被认为是市场经济的本质属性和核心要素，由市场自由衍生出了一系列相关的其他自由，例如雇佣自由、经营自由、交换自由等。韦伯一针见血地指出，"'自由'市场就是不受伦理规范束缚的市场，它利用的是利益格局、垄断地位和讨价还价，一切博爱的伦理体系都会对它深恶痛绝。市场与所有始终以私人亲善甚或血亲关系为前提的群体形成了截然对立，它基本上会无视任何类型的兄弟般亲善关系。"[①] 韦伯在此是从历史主义视角考察了自由市场对旧的社会关系和伦理规范的破坏作用，当然，自由市场会发展出与自身相符、便于市场自由实现的新型社会关系和伦理规范。不过，这样的新社会关系和伦理规范依然会有自身的局限和致命痼疾，因此，自由市场以及建立其上的理性资本主义、现代社会并不会止步于此，它们呈现出不断经历冲突与解决冲突的连续过程，理性资本主义和现代社会始终处于动态演进之中。

---

① ［德］马克斯·韦伯：《经济与社会》（第一卷），阎克文译，上海人民出版社2009年版，第778页。

二、沉重的话题：中国的现代化谋划

中国的现代化谋划肇始于清末洋务运动。两次鸦片战争的惨败，促使一批文人士大夫的社会精英转向"师夷之长技以制夷"的务实主义，经过"中体西用"之争，到新文化运动，再到"新生活运动"，体现了不同阶层和政治力量引领中国迈向现代化的不懈努力。鸦片战争失败，只是惊醒了极少部分的士大夫；甲午战争的惨败，则让更多的知识分子丢掉了幻想，他们意识到了中国遭遇到"千年未有之大变局"，提出了"保种""保教"的口号。"保种"是增强国力、军力，抵御外敌，维护中华国土的完整和华夏种族的延续；"保教"是应对时局，在中体西用原则下保存纲常名教和中华的文脉。在当时的文人看来，"保种"是实，"保教"是名，名实统一，中华文明才能绵延不绝，焕发新生机。这样的认识无疑是深刻的，一个没有文化的民族是苍白无力的，民族及其文化的生生不息应当保持高度一致，这就不难理解在20世纪初兴起的新文化运动提出的是"科学""民主"的口号，一方面科学可以兴实业，增强国力；另一方面民主可以开民智，提高社会活力，二者都可促成明确的实用目的，因此，二者都被推上了现代中国影响甚广的新社会价值的高度，"赛先生"和"德先生"最终成为了中国现代化的主导话语体系。

然而，令人扼腕的是，现代化事业在中国举步维艰，几经启动又数次中断，外有列强入侵，内有党争、国家领导层面的政治对抗和社会生活领域的民众无知、守旧势力的抗拒等，这些都成为了阻止中国现代化事业推进的破坏因素。直至20世纪70年代初提出了"实现四个现代化"的国家战略，执政党着眼于国内落后的生产力水平和国民普遍贫穷的生活状况，将"现代化"的目标主要锁定在经济—技术层面，即工业现代化、农业现代化、科学文化现代化、国防现代化，器物层面的现代化（包括工业现代化、农业现代化、国防现代化）之比重远远大于精神层面（例如科学文化）的现代化，特别是对制度的现代化、政治—法律的现代化未能引起足够的重视，这不能不说是一个认识上的历史局限。我们常说当代中国处于"转型期"，这个转型虽然首先来自经济改革的推动，从而体现在了经济领域中管理方式、政策导向等的转变，但要完成整个社会的转型，达成"现代化了的中国"这一宏愿，在转型期就必须完成社会文化等方面的现代化，从而构建起与经济现代化相匹配、更有利于中国社会健康发展的立体且完整的现代化事业。

就一个国家而言，开启现代化绝非喊几句口号那般简单，纵览其他国家，那些成功的国家之经验和并不成功的国家之教训值得我们认真汲取。现代化事业是人类为实现美好生活、提升社会文明水平而做出的探索。尽管各国开展现代化的方式、进度、达成的状态皆有不同，但可以肯定的是，现代化是一场人类自主进行的规划，它有别于传统农业文明，它提倡一系列全新的生活方式、价值观念和社会规则，因此，要在全社会，对全体民众持续进行思想启蒙，告别蒙昧未知的状态，成为自己的主人，自主参与到社会生活之中，共同推动社会的变革。总之，全面的社会现代化正体现在无数普通民众的觉悟和社会生活世界的活力上。

巴林顿·摩尔曾提出，从世界史的范围看，至少有三种不同类型的现代化：以英国、法国、美国为代表的"资产阶级革命型"，以德国、日本为代表的"自上而下革命型"和以前苏联、中国为代表的"共产主义革命型"。摩尔是从领导现代化事业的阶级及其奋斗目标作出上述区分的，但这样的区分有很大的局限，因为一个具体国家的现代化事业往往是长期的，其间的领导阶级也在不断更迭，例如在中国，清末就开启了现代化进程，清政府、北洋政府、国民政府先后都对现代化进行探索，却很难将它们都划入"共产主义革命型"之中。其实，当现代化成为世界性潮流之际，特定国家都深受影响，特定时期的国家领导阶级本身也受到了时代精神的推动。只有持有国际比较式的全球视野，我们才能全面、准确把握中国现代化的性质、任务和进程等方面的内容，现代化事业的中国特色恰恰是置于全球背景之下才得以显现的，因此，我们首先要正视现代化事业的共性话题，为了解决这些共性话题，中国社会又需要贡献出中国文化智慧和制度优势去迎接现代化挑战，中国式现代化道路或者"现代化的中国模式"正是在成功解决现代化难题、达成了现代化目标之后才被确认的。

在当代中国，社会生活层面的道德并非铁板一块，既存在分歧，例如显见的地区间差异、阶层间差异，也存在协调、超越诸多差异之上的共同要求，前者表现为个体实际感受到的生活世界丰富多彩的道德习俗，后者则是借助社会力量、行政组织而努力达到的整体社会的规约性道德指导，因此，生活道德更加真实，但未必符合整体道德的要求，整体道德贯彻了国家意志，但若完全脱离生活道德，就会丧失群众基础，最终沦为形骸。二者并不天然一致，相反，二者时时发生的冲突正体现了社会领域进行道德评价的难度和复杂性。需要特别指出的是，具有建设性从而对多数社会成员构成约束力的整体社会道德所给出的道德标准和道德选择都必须来自多数社会成员共有的文化传统、历史记忆和精神符号等共同观念，整体社会道德只有依托于该社会多数成员所持有的共同精神家园，即他们在精神上的相似性和观念上的可沟通性，这些内容才有望凝聚、沉淀为具有广泛合理性并被该社会成员遵守、信奉的行为准则，也就是人们通常说的"社会道德要求"。经济成就、物质利益、生产关系、政治权威等等都不能简单还原或直接转换成多数社会成员持有的共同观念，因而就无法被视为该社会的道德要求，更遑论构成该社会的道德标准。我们必须首先将上述内容有机地关联到社会共识，从而促使上述内容成为再现社会共同意志的不同层面，证成具有正向社会价值的合理诉求。不仅如此，上述内容作为奠基而形成的社会道德要求才有望构成社会资本的稳定基础，即便在出现社会舆论的重大变化、社会事件的重大影响之类极端情况下，不得不补充、替换部分旧有的社会道德观念，渐进引入和转向正在兴起的新道德，上述共同精神家园和社会资本仍然可能发挥作用，它们都将成为这些新道德生长的现实资源。易言之，为人熟知并被信守的社会道德之形成和转换都是十分缓慢的，幻想用武力、权力强制破除既有的道德观念、进而随意输入一种全新的道德观念，很可能的结果不过是旧道德的全面溃败，新道德却难以立足，最终就是道德虚无主义、道德相对主义在该社会的肆虐。因为在道德的荒漠上再也不能建立起任何一种可持续的、有生命力的道德观念及其体系。

当代中国的社会道德建设不是一件孤立的思想意识改造工作，必须放在中国现代化进程这一宏大社会系统工程之中，才能得到合理的解决。现代化虽然最初是西方强加给中国的，中国是被迫开启现代化的，然而，现代化并非西方化，不是向西方俯首称臣或抄袭照搬，现代化是人类自身的重大变革，完整的现代化包括了人本主义、科学技术主导、经济自由、政治的公民权利、思想的自由表达等多个方面，它们都是对封建时代、封闭的农业生产、落后的思想意识的超越。现代化是古今之变，西方较早提出并落实了现代化的多个要求，但这并不意味着现代化就是西方的专利，相反，有关现代化的思想是人类的共有财富，开启现代化进程表明某国某地人民拥抱现代生活、参与全球化事业的决心及其相应的行动。时间上有先后，速度上有快慢，然而，所有现代文明国家都不能自我隔绝于现代化之外。一些排外主义者和民族主义者经常混淆了不同问题的根本性质，开启现代化是告别古代、迈向真正的现代世界，现代化可以改变古代社会的诸多不足和缺陷。我们并不讳言现代世界也有自身的问题，但这些问题都可以在现代世界的框架内、以现代世界推崇的方式，如对话、法治、代议机制、利益妥协等，即以和平、理性的方式加以解决，从而有效避免发动战争、诉诸流血暴力的零和状态。古代文明使人类摆脱了大自然的威胁，现代文明则使人类摆脱了来自同类的残杀、复仇，生命的安全、个体的尊严、社会的秩序等都将在共享的规则下得到维护。

　　日本社会学家富永健一在考察以日本为代表的非西方国家如何实现现代化的问题时，提出了一个极富启示的概念："动机赋予"，他认为，"动机赋予"与"传播可能性"（接受西方传入的现代价值的程度）、"冲突"（接受现代价值所引起的冲突的程度）一起构成了规定非西方后起社会现代化的三个因素。"动机赋予"指的是接受现代价值的动机的程度，"所谓现代化当然不是自然现象，而是人类的行为现象。行为不能没有动机，进一步讲，不能没有赋予行为以动机的精神气质。由这种精神气质所赋予的动机程度越高，该国的国民越会热心地致力于现代化。"[①] 现代化是一场人类的自我谋划，是人类在自我觉醒、启蒙中自主选择了的通往文明的道路。对单个国家而言，它的国民们需要自主决定以什么方式落实现代化的目标，其他国家，无论是西方国家还是非西方国家所做出的探索，仅仅只是参考。对今日的中国人来说，我们每个人都身临其境，都是中国现代化事业的参与者，我们的言行举止、我们的所思所想都折射在了中国现代化的光谱之中。消除等待意识、减少"搭便车"行为，借助信息科技等新技术赋能、互联网平台等新媒体的加持，集聚合力，推动中国完整现代化进程的稳步发展，这是时代赋予我们当代中国人的使命。

---

① ［日］富永健一：《日本的现代化与社会变迁》，李国庆、刘畅译，商务印书馆2004年版，第47页。

三、网络责任伦理是否可能

互联网络技术仍然在发展中，人们对它的认识也在不断改变和深化。围绕网络产生的道德议题也起伏不定，一些曾被认为很严重的不道德问题，例如"你不知道跟你对话的是人还是狗？"的匿名造成的攻击行为，因大范围推行的实名制得到极大缓解；还有一些曾受到欢迎的行为却带来了新的道德难题，如短视频实现了突发事件的瞬间报道，但也增加了隐私泄露、粗俗不雅画面大量流传的几率；有些问题曾被认为是西方独有的，如今也在中国出现，"信息技术的发展，尤其是互联网的发展，导致了西方社会的公民离散，因为互联网只有利于组织化的利益集团，并且通过削弱个人参与公共生活的能力来减少公民的政治参与。显然，'公民离散'的概念是基于西方社会的现实观察得出的，不具备运用来解释中国现实的能力，因为中国民众的政治参与在信息技术的推动下，正如火如荼地展开。"[1] 至少在六七年前，人们还普遍乐观地相信：互联网的全面普及将带来中国社会的根本变化，因为技术赋权民众，他们有了话语工具和表达平台，然而，这些乐观者都只看到了问题的一个方面却有意无意忽视了问题的另一个方面：技术也可以赋权政府，一个掌握并控制了技术和网络的政府将变得更加强大无敌。与实体世界一样，网络世界的责任伦理之重心不是单个的网民，而是各类社会组织，尤其是政府部门。政府利用网络的原则是基于社会道德的考量吗？政府监管网络是否有充足的道德理由？政

---

① 郑永年：《技术赋权——中国的互联网、国家与社会》，东方出版社2014年版，第12页。

府在引导网络舆论时给出的明示规范和隐含规范是一致的吗？这些追问都可以归结为政府的网络责任是否正当落实的问题。

从各国网络治理的实践来看，政府具有显著重要的网络责任，但它不是唯一的网络责任主体，还有其他同等重要的网络责任主体，包括社会组织、商业机构、个体用户等，对一个国家而言，理想的网络责任实施形态是上述四方各自承担法律规定权限内的责任，各司其职、各担其责，将网络责任以看得见的方式落到实处。然而，由于各个国家基本的政治制度和社会结构的差异，所形成的网络责任实施模式也差别极大：美国是以行业协会之类的社会组织为主导力量，推进网络责任的落实；欧盟是以成员国间的协议和共同行动方案为指导，由各国自主实施网络责任；日本则诉诸公民个体，即由网络使用者自负其责。就与现代性、理性化的关联程度来看，上述不同的方式都有不少可圈可点之处，网络不只是工具，它所带来的网络社会预示着未来人类新的结构形态，如果仍然停留于前现代的思维上，用简单、粗暴的方式理解和推行网络责任，网络技术以及由此形成的网络社会所内在蕴含的现代性就会被肢解，人类将因不当的网络治理而迷失前进的方向。

在此不妨简要回顾一下网络的兴起历程。1969年，美国国防部的高级研究计划局（ARPA，Advance Research Projects Agency）制定了一项协议，将分布在加利福尼亚大学洛杉矶分校、斯坦福大学研究学院、加利福尼亚大学和犹他州大学的四台计算机连接起来，形成了阿帕网（ARPANet），这是今日互联网的鼻祖。1983年，阿帕网被分成军用和民用两个部分，后者就是今日互联网的前身。1986年，美国国家科学基金（National Science Foundation）建立了自己的计算机通信网络——NSFnet，它将全美各地的科研人员连接到设置在美国不同地区的超级计算机中心，并最终取代了ARPANet，后者于1990年关闭停用。与此同时，

1989年欧洲粒子物理研究所提出了一个新的分类互联网信息的协议，1991年，该协议被命名为World Wide Web，这就是今日广为使用的"万维网"。1994年，美国开放互联网的研究和应用，允许商业资本介入，市场竞争和资本的利润冲动迅速将互联网推至全社会，并向各个行业渗透。克林顿执政时期（1992—2000）的美国政府推出了信息高速公路建设的国家发展战略，美国成为全球信息技术和网络应用领域的领头羊，其他国家迎头追赶，最终形成了互联网经济的繁荣和网络应用的生活化。

伴随着网络技术的兴起，在网络技术开发者和最早的网络技术使用者中产生了一种独特的文化现象——网络文化。网络文化起源于美国西海岸，即以硅谷为中心的活跃的网络用户们，尤其以一些作家、计算机高手、资本家和艺术家为主，他们以一种松散的方式形成了一股多元而异质的亚文化或边缘文化。最初的网络文化之内容非常复杂，包含了多种不同甚至相互冲突的思想倾向，例如技术乌托邦、反主流文化、嬉皮士文化、雅皮文化、无政府主义等夹杂其间，这些思想倾向既试图回答网络中人们面临的新问题，同时也制造了更多令人困惑、难以理解的新话题，加剧了网络空间的意见分歧和思想对立。网络文化当中最引人关注的领域就是那些触及新旧价值、道德规范冲突交织的网络伦理问题。

由于网络伦理脱胎于网络文化，而网络文化又具有兼容了多元甚至矛盾的价值立场之特点，许多学者认为网络伦理在思想倾向上与后现代主义直接相关，理由如下：（1）二者的产生时间相同；（2）均在全球产生了广泛的影响；（3）二者主张的理念相似，即二者都持有：无主体、无中心、去权威、个体自主、动态的联系、全方位、多元化、语言文字游戏等之类的观点。

然而，更多的学者是将网络伦理类比为实体世界的伦理，仍然用人们习以为常的伦理观念来理解网络伦理。笔者也持有这一立场。可以思考一下计算机协会颁布的《计算机协会伦理与职业行为规范》。创立于1947年的计算机协会（Association of Computing Machinery，简称ACM）是一个国际性的科技教育组织，也是世界上第一个科学性及教育性计算机学会，它的总部设在美国。ACM致力于提高信息技术在科学、艺术等各行各业的应用水平。它颁布的《计算机协会伦理与职业行为规范》由24条守则组成，对个人在从事与计算机有关活动中应当承担的道德责任做了简洁且明确的陈述，这个行为规范成为了很多国家制定类似行为规范的样板。《计算机协会伦理与职业行为规范》提出的一般准则和基本要求包括了如下方面：（1）造福社会与人类。（2）避免伤害他人。"伤害"的意思是引起有害或负面的后果。（3）诚实可信。（4）做到公平而不歧视。（5）尊重包括著作权和专利权在内的各项产权。（6）尊重知识产权。（7）尊重他人的隐私。（8）保密。

此外，《计算机协会伦理与职业行为规范》对重点人群做出了专门的规定，例如，它对计算机专业技术人员提出了如下道德责任的要求：（1）不论专业工作的过程还是其产品，都努力实现最高的品质、效能和尊严。（2）获得和保持专业能力。（3）熟悉并遵守与业务有关的现有法规。（4）接受和提供适当的专业评价。（5）对计算机系统及它们的效果做出全面而彻底的评估，包括分析可能存在的风险。（6）遵守合同、协议和分派的任务。（7）促进公众对计算机技术及其影响的了解。（8）只在授权状态下使用计算机及通信资源。《计算机协会伦理与职业行为规范》还对计算机组织者做出了专门的道德准则建议：（1）重视组织单位成员的社会责任，促进成员全面承担这些责任。（2）组织人力物力，设计并建立提高劳动生活质量的信息系统。（3）肯定并支持对一个组织所拥有计算机和通信资源的正当及合法使用。（4）在评估和确定人们的需求过程中，要确保用户及受系统影响的人已经明确表达了他们的要求，同时还必须确保系统将来能满足这些需求。（5）提供并支持那些保护用户及其他受系统影响人尊严的政策。（6）为组织成员学习计算机系统的原理和局限创造条件。

中国接入国际互联网、开展网络利用都大大晚于发达国家。1994年4月20日，中国开通64K国际专线，与国际互联网接轨，从此中国被国际上正式承认为真正拥有全功能互联网（Internet）的国家。5月21日，中国国家域名（CN）服务器进驻中国，结束了中国的域名服务器存放在国外的过渡期。1995年3月，中国科学院使用IP/X.25技术完成上海、合肥、武汉、南京4个分院的远程连接，开始了将互联网向全国扩展的第一步。2010年1月13日，国务院常务会议决定加快推进电信网、广播电视网和互联网三网融合。2012年9月18日，科技部公布《中国云科技发展"十二五"专项规划》，这预示着中国开始迎接网络世界、大数据时代的到来。

中国的互联网行业发展最初经过了长达20年的野蛮生长期，其间既有商业资本、风险资本的介入带来的网络经济之崛起，也出现了以网络参政、公民记者为内容的网络政治，诞生了"公共知识分子""大V"这样的意见领袖，曾被寄予厚望成为平权、分权的新社会力量，其中，也产生了许多难以抉择的道德疑难，例如，以"人肉搜索"的方式暴露行恶者，这是否合适？一个不道德者就被自动剥夺了隐私权吗？再例如，当国家有关部门全面监管互联网、进行网络内容审查之后，在快速解决了一些民众反映强烈的问题的同时自身也成为了"麻烦"的制造者，行政权力独大，行业自律、用户自主成长的空间就被极大压缩，这对网络责任伦理贯彻是否有利？实际上，如果网络法制取代了网络道德建设，伦理维度在网络世界就将丧失存在感。这其实是未能在各个主体间合理划分网络治理的责任，责任性质、归属、边界等相关问题都被模糊处理，这也是造成近些年来网络治理事倍功半的深层原因之一。

在现代社会，责任存在于多个领域，至少有法律责任、行政责任、政治责任、道德责任等的不同。上文提到的美国计算机协会颁布的《计算机协会伦理与职业行为规范》就有多处提到了"道德责任"，而且它注意到因存在地位、影响力方面的差别，人们的道德责任也是不同的，在网络领域，计算机专业技术人员和组织者要承担比普通用户、消费者更重的道德责任。

可见，网络的责任不仅是可行的，而且是分层的。在正文部分，我们将依据韦伯的责任学说以"网络责任"这一关键词考察网络中（尤其是当代中国社会的网络世界）发生的伦理问题，我们认为，网络中的伦理问题之所以频繁发生主要是因为对网络责任的定位不准、责任的贯彻不力、责任的追究不及时导致的，相应的，运用"责任"概念来梳理网络社会、网络空间、网络文化，分清各个主体各自的责任类型，就可以合理解释如何规避网络伦理失范、失序之类的棘手问题。

第一章

作为哲学问题的现代化

"现代化"本身并非经典的哲学问题，它之所以成为了哲学问题是因为现代化在全球各地全面展开和日益加深过程中暴露出人及其处境的疑难和吊诡，哲学的关注才由此介入。尽管多个学科都试图回答现代化意指什么、什么样的现代化才是值得向往的现代化等之类的问题，但要解决这些问题就需要哲学的介入，哲学的观照将揭示现代化与人的关系、作为现代人的现实处境的现代化之根本性质，换句话说，作为哲学问题的现代化将对现实正在发生着的现代化事业做出反思和质疑，后者不得不收起傲慢和自负，被迫放慢一骑绝尘的狂奔。哲学关注下的现代化问题通常是从理解或诠释现代化的视角，即方法论出发。这里有必要区分一下"理解"和"说明"的不同。"理解"是主体对对象的阐释，带有明显的主体导向的立场，但这并不意味着阐释的内容是主观任意编造的，相反，阐释既要遵循语言规则，从而保证阐释的文字语言是可以被他人明白无误把握的，还要服从思维的逻辑规则，保证阐释的内容具有内在自洽，是经过合理推演得出的结论。"说明"是认识者对对象的客观描述，它主张减少认识者的干扰，尽可能还原或接近对象的原貌。现代哲学研究特别是应用哲学研究通常以理解为主，哲学关于现代化的考察其实都是从特定的哲学立场做出的，本书采取了规范式责任概念来设立解释框架，从规范主义责任伦理出发分析现代化，力图揭示现代化的规范根源，确认网络社会中责任的依据。本书认为网络技术的出现和在此基础上形成的网络社会都处在现代化的延长线上，是现代化在当代的最新问题形式，因此网络社会与传统的实体社会仍然存在高度的关联，网络责任就是一个重要连接纽结。阐释网络社会的责任伦理规范要求同样离不开对现代社会通行的责任范式的勾连。为此，在本章，我们将重点讨论历史主义视野、建构主义方法和主体性立场三个方面，这三个方面分别提供了哲学式理解现代化问题的限制性条件、可行方法选择和主体之在场定位。

一、历史主义视野：短现代化和长现代化

人类开启现代化征程，至今已经过去了400余年。按照史家之言，通常是将大航海时代、地理大发现以及由此带来的世界贸易的出现视为现代化的开端。欧洲率先进入现代化，但只有在主战场从发起地意大利转向了英国之后，现代化才在欧洲和北美以至全世界展开。现代化的先声来自于意大利城市的商业文明。与农业时代的商业活动不同，意大利城市不仅具有经济职能，而且有了充分的政治自治，商人群体有了自己的社会组织，并且对所定居的城市公共事务握有了话语权，商人不再是农民或工匠的兼职性角色，相反，成为了独立的阶层，与此同时出现了商人自身为主体的新的文化形式，即以世俗享乐为主的城市消费文化，包括歌舞、绘画、音乐、小说等，这些都使得城市成为集生产、分配、消费为一体的多功能集群。但意大利的城市和商人未能延续这一荣光，由于受到教权的强力打压，加之国内世俗政治力量过于分散无法形成国内统一市场，从而无法将商业成就稳固地向制造业、工场手工业扩散，贸易为主的商业缺少可持续的市场要素支撑，这些严重制约性因素的存在导致意大利最终没有能够成为西方现代化的领头羊。中间经过了西班牙、葡萄牙、荷兰，最终英国接过了接力棒。英国在工业革命出现之前，已经开始了政治变革和司法改良，不仅极大限制了王权，巩固了资产者的地位，而且扫清了失地农民进入城市，成为雇佣工人的制度阻碍，在几个重要行业，如纺织业、造船业、运输业、航海等方面的技术发明和生产工艺改进都实现了向提升生产力的快速转化，从而推动了英国工业的繁荣。不断增加的商品量要求更大

市场和更可靠的原料供应地，这又促成了向海外开拓市场的商业冒险和地理大发现等海外殖民扩张活动，英国最终成为率先实现现代化的国家。随后法国、美国、加拿大、澳大利亚等纷纷先后完成了市场化、议会政治和政教分离等现代化任务，步入现代化发达国家之列。

（一）如何看待现代化和现代性

就词源上说，"现代化"是个外来语，它是西学东渐的产物。在英语中，"现代化"（modernization）的含义是"成为现代的""达到了现代"（becoming modern）。那么，"现代"又指什么呢？"现代"（modern）的词性是形容词，它的名词形式modernity则指抽象含义，译成汉语是"现代性"。作为形容词的"现代的"之所以比名词的"现代性"更早出现，是因为"现代的"首先是从历史分期意义上做出的，如"现代的时期"（the modern time）与"前现代的时期"的划分，在"现代的时期"逐渐成为社会领域的主流和思想界的热点话题时，何为现代的问题才上升为理论问题，成为历史学、文学、哲学等学科关注的对象。学者们所要思考的并非千差万别的"现代的"现象，而是背后的共性、普遍的特质，于是"现代性"一词就被创造出来，特别是在第二次世界大战之后，在国际学界引起广泛讨论的"现代化论争"使得"现代性"概念得以凸显并广为人知。

围绕什么是现代性，如何定义现代性，学界同样充满了争议和分歧。哈贝马斯回顾了"现代性"在西方思想史上由隐到显的历程，例如，他深刻点评了黑格尔的现代性观念，指出"黑格尔不是第一位现代性哲学家，但他是第一位意识到现代性问题的哲学家。他的理论第一次用概念把现代性、时间意识和合理性之间的格局突显出来。黑格尔自己最后又打破了这个格局，因为，膨胀成绝对精神的合理性把现代性获得自我意识的前提给中立化了。这样，黑格尔就无法解决现代性的自我确证问题。"①黑格尔的封闭哲学体系限制了他对现代性问题的思考。现代性的概念包含了否定、更新的因素，处于不确定、非常态之中，这本来符合黑格尔对概念属性的理解，即内在的对立统一构成了事物自身成长的动力，但黑格尔把现代性仅仅视为自我意识的前提，从而锁定了现代性的有限结局。哈贝马斯认为，"现代性面向未来，追新逐异，可谓前所未有，但它只能在自身内部寻求规范。主体性原则是规范的惟一来源。主体性原则也是现代时代意识的源头。"②现代性的显著特征是它对主体性的坚守。哈贝马斯赋予现代性以主体性的本质规定。

国内学者万俊人从立体描述视角对现代性涉及的层面做出了概括，他说"现代社会的现代性至少是通过这样四对互动关系及其紧张而呈显的。它们是：科学理性主义的普遍精神与现代科技的无限追求；商品化价值观念的突显乃至宰制力量与市场经济的无限扩张运动；民主政治的社会理想与民族—国家的社会政治实践；以及文化道德的普世主义信念与文化多元论的'诸神竞争'。这些基本向度的科技、经济、政治和文化层面相对应相关联的。"③

根据学者陈嘉明的整理，有关现代性概念比较著名的理解来自三位思想大家：其一是吉登斯，他将现代性看作是现代社会或工业文明的缩略语，它包括从世界观（对人与世界的关系的态度）、经济制度（工业生产与市场经济）到政治制度（民族国家和民主）的一套架构。其二是哈贝马斯，他把现代性视为一项"未完成的设计"，他旨在用新的模式和标准来

① ［德］于尔根·哈贝马斯：《现代性的哲学话语》，曹卫东译，译林出版社2004年版，第51页。
② ［德］于尔根·哈贝马斯：《现代性的哲学话语》，曹卫东译，译林出版社2004年版，第49页。
③ 万俊人：《现代性的伦理话语》，黑龙江人民出版社2002年版，第17-18页。

取代中世纪已经分崩离析的模式和标准，来建构一种新的社会知识和时代，其中个人"自由"构成现代性的时代特征，"主体性"原则构成现代性的自我确证的原则。其三是福柯，他将现代性理解为"一种态度"，而不是一个历史时期，不是一个时间观念。这种现代性的"态度"或"精神气质"，福柯解读为一种"哲学的质疑"，亦即对时代进行"批判性质询"的品格。① 不难看出，不同哲学家对现代性的不同理解，恰恰反映了他们的哲学体系是如何兼容现代性概念，而且上述三位思想家所处的时代已经是现代化发展至烂熟，现代性暴露出严重的缺陷的时代，因此，他们直接面对的是"现代性合法性危机"，吉登斯和哈贝马斯肯定了现代性的积极方面，他们殚精竭虑创设理论体系，拿出更加合理的设计带领人类走出危机；福柯则从消解、解构现代性出发，宣判了现代性的死亡，为他的后现代主义学说开辟了道路。

上述分析表明，哈贝马斯关于现代性持有更加稳健和积极的立场：一方面现代性是由思想的历史发展而沉淀下来的，它与前现代向现代的变动路径、现代思想的自身发展水平紧密相关，因此，现代性的实质内容是变化的；另一方面现代性是"未完成的设计"，它是面向未来开放的，不仅今日的人类实践将构成明日现代性的实景，各个国家的地方性知识都可能融入其中，进行自身的主体性设计，进行带有独特烙印的在地现代性。我们身处其中的当代世界，还有许多国家仍处在迈向现代化的征途中，即便已经现代化了的国家，也只是部分完成了现代化，仍然需要不断回答现代化时代和现代性社会中反复出现的矛盾、冲突，做出建设性的学理讨论，从而为现实决策和社会行动提供合理的解决方案。

与上述学者、思想家从宏观认知范式立场理解现代性不同，在本书

---

① 陈嘉明：《现代性与后现代性十五讲》，北京大学出版社2006年版，第4—5页。

中，我们将"现代性"（modernity）定义为"现代化达成后的状态或总体特征"，我们关注的动态的现代化过程及其目标实现。尽管各国的现代化过程形形色色，但在理论上，人们对现代化达成后的状态或现代化的总体特征还是存在一些共同的认识。这个意义上的现代性包括：经济自由化及其增长、城市中的人群流动、工业化大生产方式、市民社会的成形、专门知识日益增加等等。[1]

现代化将原本因地理限制被阻隔的各国联系起来，政治联合、宗教传播加之全球市场、国际贸易的助推，终于形成了世界体系。现代世界体系一旦形成，它的存续就会绵延足够长的时间，动辄几百年，这就需要研究者采用长历史（long dure）的眼光。不能驻足于眼前几年、十几年，而要将思虑所及延伸至几十年乃至几百年，经过了长历史的审查之后，才能对现代化这一宏大议题得出合理的结论。为了更好地认识这样的长历史进程，我们通常会依据特定标准将它做出分期，虽然每个阶段具体特征不同，但从世界体系视角着眼，我们更强调其相通之处。易言之，无论中外东西，作为哲学问题的现代化有共同性和普遍性。在现代化、现代性这一共有名称之下必然有其共同的实际内容。

正如前文的分析，"现代性"是"现代（化的）"的名词形式，是将"现代的"予以客观实体化，这正是我们主张从"现代性达成后的状态或总体特征"诠释"现代性"的理由。与其他许多哲学概念不同，"现代性"不仅与我们每个人密切关联，是对我们身处其中的世界及其特性的描述，因此，我们很难将它对象化，以完全中立、客观的立场理解它；而且它还与新旧之变、东西交锋相关联，涉及我们如何理解全球化中的我们与

---

[1] 有学者指出，"现代性在中国意味着实现三个梦想：强盛的国家、兴旺的民族和富裕的个人——其顺序不容颠倒。从而，社会进步的主要指标都是物质主义的，例如GDP。"（阎云翔：《中国社会的个体化》，陆洋等译，上海译文出版社2012年版，第373–374页）

他者的关系，国家、民族、时代精神等宏大叙事裹挟其中，对共性、普遍性的现代性追求是否会丢掉我们的民族自我、身份认同和文化自信？这样的疑虑、不安使得我们无法将"现代性"仅仅理解为一种理性问题或学术讨论。然而，在明确意识到上述矛盾心态和国民焦躁心理之后，我们依然明确提倡：迈向现代化是中华民族不二选择，只有经受各个领域现代性的洗礼和检视，现代中国的国家形象和国民精神才会获得合理证成，从而为解决现代化过程中的重要问题提供持续可靠的制度支撑。

（二）短现代化与长现代化

人类自开启现代化征程至今未停止脚步，现代化与前现代有根本性质之别，但各国的现代化之间也有显著的程度差别。对现代化的认识必须采取长时距、大范围、广空间的立场。

从历史主义视野出发，现代化就可以区分成两个迥然不同的类型：一个是短现代化，一个是长现代化。需要特别指出的是，时间维度的长短只是这两种类型显见的外在差别，二者更内在、更深层的差别在于人们认识这两类现代化的思维方式上：短现代化是指那些可以在较短时间内达成的现代化目标，例如购买发达国家的技术设备就可以在短时间内使某个行业变得现代化了；引入课本、课程体系和师资，数年间公立教育就变得现代化了，等等。长现代化则视现代化为一个社会无限改进、个体向着精神自由、人类朝着共同善不断提升的绵延过程，长现代化不仅跨越几代人的时程，而且并没有明确的终止点。人们对短现代化可以持实用立场，用器物、技术或生活便利的程度来衡量，但对长现代化则只能抱理性的批判立场，即运用理性自觉，不断反思正在进行的现代化事业，对每个看似达成的特定现代化目标作出反思的平衡，对实现现代化的特定行动方式或行政政策适时作出检验，指出其背后隐藏的威胁或潜在的伤害，从而唤醒人们绝不满足于当下的现代化水平。基于长现代化的视野将促使人们清醒地认识到，现代化是一个开放的、永无止境的过程，需要每代人或每个国家的人做出各自的独特思考，这样的长现代化立场将反复警醒人们关注现代化进程中可能出现的异化、脱域、反现代性等问题。

现代化的最现实表征之一就是人的解放和人的主体性的提升，前者促使人从家族、宗族、封建君权、教会神权中脱离出来，人与它们的关系不再是先天注定的，而是可以自由选择的诸多社会力量之一；后者则使人自身的愿望、意志受到高度肯定，其所作所为的意义大于他所属的集团或他被赋予的社会标签，人的存在先于其本质，人因其自身而受到关注，从一定意义上可以说，现代化的实质就是人的现代化。

毫无疑问，"现代化"是人类社会的全新变革，这场变革始于近代时期的思想启蒙、文化改良运动和社会结构的重组，因个体自由的落实，解放了生产力。借助市场自由、竞争释放出的创新和活力，实现了社会财富的增长和科学技术的迭代进步。随着经济成就和科技发展转化成为稳定的制度成果，例如法治、民主参与、舆论监督等新式社会结构的逐渐确定，又进一步促成人类政治生活、社会交往、文化传承等方面的巨大改变。完成了上述各个方面鼎故革新的一个特定的社会由此就建立起了现代化各个领域之间的内在有机联动，走上了现代化的"不归路"。然而，我们也应看到，现代化与旧时代既有断裂、对抗的一面，也有接续、融合甚至纠缠的一面，这就意味着现代化并非与旧的时代、古老文明一刀两断，相反，现代化总是夹杂旧时代部分内容的残留或者旧传统以新的面貌在现代社会获得新生，因此，每个国家进入现代化的方式和完成现代化的状态都有所不同。告别前现代并非打碎或完全否决前现代的全部文明成果，而是要对前现代文明进行创造性转换，做出新的意义建构，这对任何国家的现代化而言都是一个必不可少的环节。

不过，各国进行现代事业仍然有明显的时代的差距，在不同时期或不同历史节点开启的现代化，所面临的核心问题、所能采取的手段都会十分不同，这反映了现代化的共时性特点。在400年前先期开启现代化的欧洲国家，例如意大利、荷兰、英国、西班牙、葡萄牙等都不同程度地采取了贩卖黑奴、殖民扩张、军事占领等血腥手段，短时间内积聚了大量财富，加速了国内工业活动的升级和城市的扩大，建立起国际贸易体系，也为后起国家确立了绝大多数现代化的"游戏规则"和话语体系。与此不同，第二次世界大战之后步入现代化的国家，例如中国、印度、韩国、新加坡等不再能够援用上述做法。国际舆论和世界关系体系都发生了今非昔比的巨大改变，后发国家的现代化只能依靠向内挖潜、调动全体国民参与现代化的热情，并以合理的制度安排保存现代化的成果，渐进地推动现代化的目标由易向难、由点到面铺陈开来。

从社会组织的构成原理和国家权力的支配体系而言，现代化的实质是理性主义盛行。正如马克斯·韦伯所指出的，西方近代文明之所以取代旧时代的关键在于理性化的"祛魅"（disenchantment），即人类以其理性精神征服自然，将全部自然对象转换成人类创造财富的资源，同时用理性原理建构起完全世俗化的社会。"尽管现代化（性）存在着诸多的问题，但是，首先，现代化社会较之传统社会仍然有着无法比拟的价值优越性，这种价值优越性集中体现为个人从宗法等级制中解放出来所获得的自由权利、独立自主精神、科学理性态度、民主政治生活的价值理念及其制度实践、经济生产活动的效率及对社会贫困现象的某种程度改善、多元的社会生活样式，等等。"① 看待现代化问题不能仅仅用一点或一个特例来"佐证"，必须抓住现代化的核心实质，将它置于人类社会演变的历史必然性

---

① 高兆明：《政治正义——中国问题意识》，人民出版社2014年版，第111页。

之中。

引入历史主义视野，划分出长现代化和短现代化，这将引申出理论上的三个结论：其一是短现代化是现实的目标，长现代化才是更重要的理想目标。一个社会仅仅完成了短现代化是不够的，必须要为实现长现代化做出更加艰苦的努力，要在顶层做出"谋划""设计"。其二是短现代化易得，长现代化难取。靠拿来主义只能完成短现代化，与此不同，只有扎根自身的社会结构、创造性发掘传统文化资源，同时兼收并蓄、博采众长，即以开阔的胸襟和远见卓识，做到洋为中用、古为今用，长现代化才有望渐进达成。其三是短现代化集中在相对单一（经济、技术上的）、相对低级（民生日用、交通通讯）的领域，长现代化则注重社会心理、文化价值、国家权力制衡等上层建筑结构化方面，因为只有实现了长现代化，短现代化的成果才能得到巩固，社会的现代化进程的总体趋势才不会停滞或倒退。

中国自20世纪70年代以来，也在国家战略层面明确提出了现代化的短期和长期目标，短期目标是工业和农业的现代化，主要着力解决国民的生计温饱问题，长期目标则是加快科技与国防的现代化建设，使中国成为强国，扩大中国在国际事务中的发言权和影响力。党的十九大确定了中国现代化的新阶段、新时期的总体布局和任务，提出了国家治理现代化，并将之作为"第五个"现代化高调提出，而国家治理现代化的丰富内涵中就包含了对社会主义道路、制度、文化等的新认识、论证和实践。这采取了宏大的历史观，以政治理性诠释国家精神，用理性主义的现实立场论证当代中国的现代化事业。

我们认为，现代化是一个开放的体系，可以涵括各国所进行的各类现代化事业，各国的现代化事业之间存在"家族相似性"。中国的现代化事业既有与西方、与他国共性的方面，也有自身的独特内容，具有中国特色的要素包括社会主义制度、中华优秀传统文化、境内各地各民族的地方历史传统等。西方现代化是由启蒙运动开启，以社会价值观上的个人主义、经济上的自由主义、政治上的民主主义为其显著特征，最后形成了工业社会、消费文化、个人冒险精神、社会平权等内容的现代成熟社会。西方现代社会一直存在深刻的内在矛盾，这主要表现为市场自由、政治平等、社会自主等不同领域价值之间的张力或对抗。对一个健全的社会而言，获得不断自主革新和改进的动力主要来自思想界和新闻媒体，前者代表了社会的理论高度，后者代表了社会的当下广泛的公众认知焦点，二者分别扮演了公共良知和社会公器的作用，他们对现存社会关系、社会发展等暴露出的问题予以揭示，这些都将有助于政治集团和行政决策层准确捕捉公众关注的痛点，适时做出社会结构的调整，从而减弱社会矛盾的激化程度和影响面，维持社会诸种价值的动态平衡。中国的现代化事业的短期目标跟西方并没有实质的不同，但长期目标会越来越表现出明显的差异，不过，差异并不等于对立，如果中国长期现代化的目标是由自身自主选择做出的，并且获得了全体国民的高度认可和广泛理解及支持，那么，这样的长期现代化目标就有了合法性，也会成为影响中国未来发展的指导，因此，也就应当受到世界各国的尊重。无视各国的历史传统和现实国情简单强求一致，显然是非历史主义的，也是有违现代性基本精神的。

此外，还有一个相关的问题值得我们做出深入的思考：西方现代化模式有其内在的缺陷，这个缺陷是西方因素导致的还是内在于现代化之中因而是所有现代化国家都可能或早或迟面对的？中国式现代化模式如果能够克服西方现代化模式之不足，这是否意味着中国式现代化模式将是完美无瑕、达到了高度成熟且自满的水平？这就需要我们拿出理性思考而非单纯的站队、表态，我们应对这类问题作出冷静而全面的理论分析，才能应对可能发生的现实困难，这大概也是学者进行独立的理论研究的必要性所在了。

二、建构主义方法：薄现代化和厚现代化

历史主义的纵向考察使我们意识到了现代化的历史的必然性和现实多样性，现代化的任务既有短期、简易的目标，更有长期的、必须付出几代人艰辛努力的宏大目标。仅仅停留于实利、器物层面的短现代化是不符合历史逻辑的，只有将现代化放入历史长河，转向长现代化，一个国家的现代化设计才是绵密周全且令人深受鼓舞的。与此不同，建构主义方法的引入，是将目光投向横向的理论观照，对错综复杂的现代化实景，特别是现代化的具体内容做出检视。建构主义方法的优势在于：它不预先给出形而上学的预设，也拒绝做出一面倒式的价值判断，它将关注的焦点放在解释何以至此的过程上，这个过程的主体是人（包括人类或集团或个体），他的行动、他在日常生活世界中的真实行为、交往、思虑，才是赋予上述过程以意义的根源。对一切人类社会发生的事件都可以通过合理的理解该社会中每个人或者人的团体之行动得到符合实际的回答。具体到某国的现代化事业，在建构主义看来，只有深入该国广大普通国民的礼俗世界，揭示国民以及国民间、国民与国家间的作用方式、支配原则等，因为正是这些才构成了现代化事业的动力源泉，鲜活地再现现代化事业的日常性、大众化和广泛参与度。总之，现代化一定是那个国家以及该国国民们共同谱写出的华丽乐章。

（一）引入建构主义方法

建构主义是对本质主义的反动。本质主义在知识论上持可认知主义，

但明确区分了认识的主体与客体并将二者设定为对立的二极，断言认识主体具有绝对的优势。本质主义的存在观相信"有物存在"，"物"可能是实体、感觉经验，也可能是上帝、理念等观念构造物。人类思想史的绝大部分阶段都是被本质主义支配的，中外概不例外。本质主义曾是形成和判别人类知识的主导原则，它之所以产生如此长久的影响，是因为它提出了一个基本的假设：人是具有无限理性的，理性可以把握本质，无限的理性将保证人可以获得永恒的本质从而掌握绝对真理。本质主义最成功的理论应用就是古典经济学，当它从古老的家政学分离出来，并且成为解释"国民财富的性质和原因"这一独立学科时，古典经济学就是建立在"无限理性"的隐含前提之下，并自称把握甚至占有了市场规律和经济学的本质，它设定市场经济主体准确知道自己的利益所在，并且在任何时候都能够最大化自身利益。毫无疑问，这样的理性的人将乐观且大无畏地在市场中冲锋陷阵，西方近代资本主义的攻城略地之"伟业"很大部分就归功于这些受到古典自由主义经济学激励的冒险家们。

在20世纪30年代，一些学者开始敏锐意识到本质主义之过失，提出了截然不同的学说。经济学家哈耶克认为，本质主义给出的"人为的秩序"基于的是一种"致命的自负"，他提出了"自发的秩序"，由于存在"理性不及"，人类要放弃预先周全的计划、完美的理想设计之幻想，而应尊重自然的多样性和个体的自主意志，他说，"人在知识和利益方面所具有的那种构成性局限（the constitutional limitation），换言之，这个事实就是人们所能够知道的只是整个社会中的极小一部分事情，因此构成他们行动之旨趣或动机的也只是他们的行动能够在他们所知道的范围内所具有的那种即时性结果（immediate effects）而已。"[1] 管理学家西蒙在20世纪50

---

[1] ［英］弗里德里希·哈耶克：《个人主义与经济秩序》，邓正来译，生活·读书·新知三联书店2003年版，第19页。

年代提出了"有限理性"概念，并创立了"决策学派"，因为他将全部管理活动的焦点归结为"决策"，认为其他事项都是为决策服务的，唯有决策才体现了管理的基本功能，他说"任何重要决策都依据大量事实（或对事实的推断）、种种价值观、边界条件和各种约束条件，我们可以把所有这些事实和价值，当成最后决策的前提——就是投入到最后制定出决策的装配过程的原材料。"① 由于"种种价值观"的介入，管理决策的材料既有可客观化的事实，还有无法量化的价值判断，管理不过是个受限的现实决策，它只能在"有限理性"条件下做出满意的而非最优化的选择或协调。西蒙本人曾因决策理论上的突出贡献获得了诺贝尔经济学奖。

建构主义兴起才让世人发现了本质主义的种种局限。在未有建构主义之前，本质主义曾被视为唯一正确、永远合理的学说，即便在今天，本质主义仍然具有难以撼动的显著地位，许多人的思维方式和认知框架依然以本质主义为圭臬，丝毫没有觉察到其中有何问题或缺陷。相对于本质主义，建构主义常被看作是挑衅者、破坏者，以解构为己任，却在体系建设上有所不足。其实不然，建构主义的理论价值首先在于它带来的思想解放，这无异于石破天惊，让人类从本质主义的迷思和囚笼中挣脱出来；其次它真正体现了人本主义、维护了人的主体地位，主张人的自主实践而非先入为主的概念构成了理论、学说的来源，这无疑更为深刻地揭示了一个理论的活力所在；第三，也是最为重要的一点是，它将未来还给了人类自己，人类必须自己面对未来，并不需要外在的权威，人是被赋予了认识世界的能力，人将因这种能力让自己获得前行的力量。

我们在前文提到的英国社会学家吉登斯也是建构主义的支持者。在现代性问题上，他明确反对后现代主义，也否认"后现代社会"的来临，

① ［美］赫伯特·A·西蒙：《管理行为》，詹正茂译，机械工业出版社2004年版，第19页。

认定当代社会只是处于一种"高度现代性"或"晚期现代性"的状态。现代性具有明显区别于先前其他时代的推动力，构成现代性的动力机制包括三个方面：时间和空间的分离；社会系统的"脱域"（disembedding）；知识的反思性运用。最后一点是他的独特内容，即"现代性的反思性"，"现代性的反思性"不仅体现了理性的力量，更显示了知识向社会的渗透，普通成员也获得了知识信息可以自主进行"知识的生产"，他说"现代性的反思性指的是多数社会活动以及人与自然的现实关系依据新的知识信息而对之做出的阶段性修正的那种敏感性。"[①] 不过，人类的知识是不稳定的，现代性的反思性也削弱了知识的确定性，吉登斯"反对那种'必然性'的知识观，宣称没有什么是确定的，也没有什么东西能够被证明，任何建立在经验之上的社会科学知识都是不稳定的。正因为如此，所以当人类把这样的知识运用于社会改造时，也就会带来相应的不可预测的危险。"[②] 吉登斯对现代性持有谨慎的乐观，他时时警醒人们防止现代性的内在矛盾，这正体现了他以理性的建构主义不断诠释现代性在我们时代的展开。

反本质主义者的共同旗号是建构主义，除了上文提到的经济学和管理学中的建构主义，在性别理论、美学、法学、教育学、历史学等学科都有建构主义的支持者。本书也赞同建构主义，并将之设立为基本的研究方法。"作为方法的建构主义与本质主义相对，强调从经验事实、观察材料和历史存在出发，经过相互佐证、反证，得出能被上述存在内容证实的结论。建构主义并不事先假定某种形而上学的原则或概念，而是通过深入事

---

① ［英］吉登斯：《现代性与自我认同》，赵旭东等译，生活·读书·新知三联书店1998年版，第22页。

② 陈嘉明：《现代性与后现代性十五讲》，北京大学出版社2006年版，第242页。

实之中，提取实际现实状况的答案。"[①] 实际上，建构主义方法不只具有工具价值，也提供了强大的心理动力，因为它鼓励试错，无数现实的实践活动将为知识理论的建构提供真实、合理的素材。

作为方法的建构主义强调从经验事实和现实生活出发，经过相互佐证、反证，得出开放性的结论。虽然建构主义主张一切都是生成、演变的，而非亘古不变的，但这不等于说建构主义在道德观上持有非道德主义或道德相对主义立场。建构主义反对的是未经生活经验证明的道德形而上学，提倡一切道德都是人的生活的产物，服务于人并因人的生活改变而做出调整。一切社会规则都是建构性的，产生于成员的交往，又通过交往被成员所习得。具体的社会成员都是在日常生活中耳濡目染并接受、领会了社会规则。社会规则也会随着成员交往方式的改变和价值观念的更迭而发生渐进性变形，最终新的社会规则取代了旧的规则。建构主义立场的引入也反映了身处现代化进程中的伦理学理论与现实生活正在经历重大改变这一事实。其中一个表现就是个体道德与社会道德的分裂和冲突，高度一致的道德体系越来越难以支撑，道德领地正在碎片化。除旧迎新虽然不难获得价值观上的认可，但要准确界定和把握何谓"旧"、何谓"新"殊非易事。在人类现有知识力无法洞察新旧界限和预见未来走势的情形下，我们最明智的做法就是以建构主义立场来面对。承认现有的各种尝试的可行性、冷静观察各种新旧交织、新旧观念的可能后果，在试错中修正、改进、总结并巩固已有的知识，同时不断经受事实、经验的检验。

（二）薄现代化与厚现代化

以建构主义方法分析现代化，就会发现现代化并非"不以人的意志

---

① 李萍等：《现代社会管理的伦理分析》，中国政法大学出版社2012年版，第27-28页。

为转移的客观规律"自动发挥作用之结果，相反，现代化是诸多社会力量互动、较量后的不经意、非预期的结果，而且这个结果并不固定，持续处于不断的生成、流变之中，需要时时关注并适时调整我们之前的认识。换句话说，现代化既受制于人的自主意志，例如要明确提出达成现代化的意愿、努力和适时适度进行社会鼓动等，但它最终的走向又超出了人的预料之外；现代化既体现了历史必然性，与此同时许多无法预料的偶然因素不期而至改变了它的进程。因此，从建构主义视角出发，我们将现代化分成了薄的现代化和厚的现代化两个有区别的类型。

所谓薄的现代化是指单一社会力量或社会阶层参与、推动而发生的朝向现代化的社会变革，许多国家的初期现代化基本上都属于这一类型，即便是在现代化原发的国家，例如英国、法国、美国等，现代化的早期阶段的主要参与者只是少数知识分子、思想家，以他们的鼓动、思想造势为主，逐渐带来了社会舆论的改变，之后才有了资本家、地主、手工艺人参与其中，扩大了现代化的成果，现代化才开始成为全社会的新风潮，获得了全社会更高程度的肯定和拥护，最终成为了该社会代表未来发展方向的正面价值。后发国家开启现代化更是如此，先知先觉者的摇旗呐喊，甚至出现了一些为变革、变法而牺牲生命的先行者，革命者敢为人先的牺牲精神最初并不能被仍处于蒙昧状态的广大民众所接受。要让英雄的泪和血不白流，就要唤起无数普通社会成员的参与，其间思想启蒙、文化改造、国民教育等都必不可少。若成功，就进入厚的现代化阶段。

厚的现代化意味着该社会的绝大多数社会成员都被动员起来，并深度参与其中，他们不仅是现代化的行动者，也接受了现代观念的洗礼，告别了前现代，在行为、交往、价值观等方面都发生了根本转变。当达到厚的现代化或者说一个社会进入到了厚的现代化阶段，那么，该社会的现代化不仅是成熟的，而且也成为了不可逆转的常态。在薄的现代化时期，还会因参与现代化的力量不足、影响不大、社会基础不牢而中途夭折或失败，出现社会发展进程的倒退或旧的统治理念及其代言人的复辟，但到了厚的现代化时期，现代化已经成为占该社会的主导观念，虽然也会出现现代化自身的矛盾或种种问题，但都可以在现代体制下以现代文明倡导的方式加以解决。

从薄的现代化起步，但并不必然都进入厚的现代化阶段。建构主义告诉我们应当时刻关注社会生活的变动，民众的真实需要是通过日常生活世界的各种交换体系、制度安排得到满足的。思想、观念、精神之类都是特定意识的构造物，只有与民众的常识、礼俗有所融合才能唤起他们，他们的深度参与才有望促成该社会达到厚的现代化。为此，就需要进行现实导向的（当然，这并不意味着迎合现实）理论建构，对现有的文化传统做出全新的诠释，将无数分散的"乌合之众"聚合成"想象的共同体"，赋予他们新的历史使命，给个人的庸常生活增添意义，由此受到激励走出"我"的狭小空间步入"我们"的社会领域，投身现代化事业之中。可见，从薄的现代化扩大至厚的现代化离不开持续的社会文化建设、现代思想培育等方面的观念建构，相应的，具有现代特性的教育机构、大众传媒、地方公共设施等的建设都将助推该社会进入并维持厚的现代化。

横向考察那些实现了现代化的国家就不难发现，各国进入现代化的路径和现代性的实际呈现样态都千差万别。现代化可以采取不同的方式（或者由政府主导，或者由民间力量推动），也可以依托不同的社会价值观（或者个人主义，或者集团主义），还可以有不同的国家目标组合结构（或者经济发展优先，或者民主政治优先，或者国家统一优先），但要达到厚的现代化必须在如下几个方面取得突破，适宜的土壤一旦成形，现代化之树就能生根发芽。这些内容包括：（1）充分保障私人财产权。这不仅意味着用公民权利限制国家权力，将公民的国家主人地位落到实处，而且也提供了经济发展的持久动力。只有私人财产权所体现的私权得到了公权力的平等尊重，公民支配、处置私人财产权的自由得到落实，这才可以为经济竞争、市场冒险以及个人财富积累等提供制度诱因，经济繁荣持续、市场竞争充分、发明创造迭出等都离不开以法治而非人治的制度设置的可靠保障。（2）构建社会各个阶层自由流动的开放空间和各自利益伸张、救济的平台。这将有效增加社会领域的活力，将公民间的利益较量制度化。这样，既可以防止社会集团的固化，消除人身依附关系和身份等级的隔阂，化解严重的社会对抗，也可以将统一的公权力平等、合理地分解到社会不同群体、利益集团之中，防止国家权力的无限膨胀。最终形成国家—社会—个人三者之间的稳固关系，三者相互制约，就可能有效减少社会动荡的幅度和烈度。（3）司法独立。司法不是王权的附庸，也不应是国家统治集团的打手，普通公民的人身安全、自由、权利只能借助独立的司法体系，才能有切实的保证。司法部门的独立，可以将历史上的政权更迭式权力斗争转化成法律框架内的权利斗争，促成社会在维护具有高度共识的基本价值之前提下稳定发展。

虽然厚的现代化要比薄的现代化更复杂、更富有内涵，但是，厚的现代化的相关规定并非预先设计的，换句话说，厚的现代化也是建构出来的，是无数有助于厚的现代化的尝试成就了厚的现代化，厚的现代化之存在是先于其本质的。这就意味着并不能一概断言只有某些内容才属于厚的现代化，另外一些内容就被排除在厚的现代化之外，各国依据自身的国情、实力和国民的总体社会参与程度而进行的独立厚的现代化建设都是值得肯定的。不过，厚的现代化仍然有一些区别于薄的现代化、使自身被称为厚的现代化的共同点，这就是我们上文枚举式分析的若干方面，所以，不能因反对境外势力的指责、坚持独立自主就放弃在现代化发展水平上的跃升和自我革新。同样，也不能因提倡文化自信或民族文化认同就将久已有之的文化传统简单断定为现代化的文化或现代社会的价值。传统文化中包含了丰富的思想和价值，但这些思想和价值并不自动与现代化相一致，必须经受现代文明的洗礼，做出创造性转换，才能古为今用，从而为现代化进程中的国民提供情感上熟悉、观念上现代的思想滋养。

中国的现代化历程十分艰难，原因之一就是数次现代化的努力都只停留于薄的现代化阶段，这一方面是因为列强外敌的入侵挤压了国内自主现代化的空间、打乱了社会进步的节奏，但更重要的还是中国自身的文化传统与现代文明相距甚远，来自国民的变革阻力异乎寻常的大，现代化初期遇到的内部阻力尤为惨烈。社会心理学家金耀基曾指出，"中国古典文化产生于辽阔的大地上，唯一农业性文化，对土地有一种虔敬之情，同时亦把自然看作一有情体，所谓'江山如有待，天地更无私'，如前述诺索普指出中国人把宇宙看作一'圆合地美艺的生生之流'；实亦是说把天与人交感为一，因此中国的画，中国的诗皆表现出此种精神。范宽、石涛、郑板桥，乃至今日的张大千的画无不含有'人天浑合'的境界，而陶渊明'采菊东篱下，悠然见南山'，更是把人与自然相忘于无形。中国人无真正的宗教，有之，这种天人合一的情绪即是中国的宗教。中国人对自然始于欣赏，终于相忘。"[1]田园诗式的乡土文化情结一直是中国古典知识精英十分向往的乡愁和精神慰藉。这与工业文明、城市生活为主的现代化审美、伦理观格格不入。尽管西方古代也是农业文化为主，但西方的封建制将人对土地的依赖转换成了对庄园领主、贵族的人身依赖，基督教的信仰又提供了这样的观念，它将自然视为上帝馈赠人类的礼物，人是自然的主人，当工业革命开启，西方人离开土地，向城市集中，与陌生人结成生意伙伴、单位同事、政党同志等都没有太强的心理不适或文化障碍，也就是

---

[1] 金耀基：《从传统到现代》，中国人民大学出版社1999年版，第43页。

说西方人在迎接现代化时并没有太重的文化负担和心理愧疚。

中国开启现代化的努力在东亚乃至整个亚洲都是较早的，然而，不仅很快被后来者超越，而且至今的现代化进程仍然不能令人满意，其根本原因就在于我们过多满足于薄的现代化，甚至因某个薄的现代化之成就而沾沾自喜、变得自负起来。我们始终没有全面进入厚的现代化阶段，从一定意义上说，我们的现代化进程依然没有摆脱开启—闭合—再开启的魔咒。原因何在呢？"中国现代化运动长则一百年，短则近十年以来，认真地说，并没有达到该有的成绩，而更不幸的是中国现代化工作常常陷入了大小的'恶性循环'的命运。此何以说呢？往往一个单一的因素害于其他所有的因素，譬如政治之不能进步，往往是害于经济、思想、学术等等的不发达；而经济的不能进步，又往往是因为政治、思想、学术等之不够健全，任何一个单一因素的进步之果实与努力，都可能为其他因素之辐辏而被吞没，这就是我所说的'点'的进步为'面'的落后所吞吃。所以唯有全面地、有系统地推动思想、学术、政治、经济、行政等的现代化工作，以打破各种大小的恶性循环，而后现代工业才能产生'自力支持的成长'，而进入一个现代化的'起飞'阶段。"[1] 中国的现代化事业当然是中国人民的自主选择，是中国社会实际建构的结果，但这并不等于说我们怎么做都可以，别人的评头论足都是干涉。即便现代化模式没有定于一尊，中国人的探索值得尊重，但我们仍然必须清楚地意识到仅仅满足于薄的现代化是不够的，厚的现代化才是我们矢志不渝的奋斗目标。面对互联网这一全新事物，我们的法律、行政监管都应当从是否有利于推进现代化事业这一高度来认识。在拥抱网络社会的同时，全面推进中国实体社会展开厚的现代化仍然是时不我待的迫切任务。

---

① 金耀基：《从传统到现代》，中国人民大学出版社1999年版，第159页。

三、主体性的立场：单一现代化和多元现代化

主体性是对作为主体的人之特定属性的阐释，这一观点首先始于近代哲学家笛卡尔。笛卡尔经过普遍怀疑的论证之后发现"我在怀疑"是不可怀疑的，由此反证了因思考而存在的"我"，这就是他的著名论断"我思故我在"。主体性既肯定了现代的自我立场（因而为个人主义开辟了道路），也支持了主观主义（主体自身的意志、情感、自由都应受到尊重）。从一定意义上说，主体性其实就是以人为本。"这里的'人'，应当是个体的、具体的人，因为不存在抽象的人；抽象的人，只是语词上的'共相'，我们自然不会以语词上的共相为本。"[1] 主体性原则将人从神权、族权、自然力量等的束缚之中解放出来，将人的力量置于人生而具有的认识能力（我思）、自然欲望之上，这无疑助推了人人想去尝试的各种事业（例如商业竞争、环球冒险、政治角逐、竞技体育等），成为近代资本主义精神的内在要素。

（一）基于主体性的立场

人成为认识世界的主体，哲学史上早在古希腊时期就出现了这样的观点，最初是智者学派，他们抛弃了自然主义哲学家们仅仅满足于对自然的"惊异"，强调"人是万物的尺度"，但智者学派未能对"尺度"如何做出客观有效的结论给予更加合理的解释。被称为"古希腊三杰"的苏格

---

① 陈嘉明：《现代性与后现代性十五讲》，北京大学出版社2006年版，第18页。

拉底、柏拉图、亚里士多德则继续了这个探求，他们转向对"人"本身的关注，特别是充分肯定了人的理性，断言人因理性有望成为像神一样的存在者，自此，理性主义成为了西方哲学的主流。然而，古典哲学意义上的理性及其主体主要是认识者，但还不是行动者，这也是马克思做出如下批评的理由之一，"哲学家们只是用不同的方式解释世界，而问题是改造世界"。① 这个判断也被认为是代表了马克思全部思想的精髓，这句话被刻在了英国伦敦海格特公墓马克思墓前的墓碑上。

作为行动主体的人，就是社会历史的实践者。康德哲学尽管在形式上呈现为严谨的抽象理论体系，建立在自成一体的形而上学预设基础上，但他的哲学又被称为"实践的哲学"，这主要是因为康德充分肯定人的理性能力，并认为这样的理性能力确证了人的自由意志，从而使得人成为理性的存在者，可以为自我立法，并基于自由意志遵守这一具有普遍必然性的法则，这样的证成过程，即从理性→自由意志→立法→守法而行，就是一个逻辑完备的主体实践。但康德哲学中的"实践"缺少了面向现实世界的生活要素和经济力量的影响等方面的考虑，因此，康德的实践只是纯粹逻辑推理的结果。现代化事业绝非"墨水瓶里的革命"，止步于书本或理论上的推演是无法获得现代化成就的，将现代化理论转化成通俗易懂的知识，并教育、带动无数普通人，具有现代知识的人们的实践最终演变为声势浩大、影响深远的社会革命，通过无数普通社会成员的实践，现代化事业才可能全面、持久地展开。

对现代国家及其国民而言，现代化也是一个将自身置于世界背景、全面认识自身的过程。这其实就是现代人的主体性的发现。"现代化并不指一种特殊的变迁，如工业化、西化或希腊化，而是指一种'历史的相对

---

① 《马克思恩格斯选集》第一卷，人民出版社2012年版，第140页。

性'的现象，指一个社会或国家，自愿或不自愿所发生的一种'形变之链'的过程，而这种形变乃在减少他自己与其他他认为更进步、更强大或更有声威的社会之际的文化的、宗教的、军事的或技术的差距者。"① 现代化并非简单地模仿、照搬，而是一个国家及其国民自主选择在今日世界中如何与他国共处，适应已经形成且有效的世界规则，在多个领域保持一定的影响力，在此过程中以自身的社会文明、国民素质和总体政治现代进程立足于世。

加入国际组织、遵守国际公约，这大概也可以说是第二次世界大战以来的国际社会新共识。现代国家形象也是在负责任地、理性地参与国际事务中确定下来的，特别是已经签约、达成双方或多方合作条款，现代国家应当努力遵守，作为正式成文的国际公约都具有一定的效力，它们都包含了人类许多历史经验的总结和对共同善的普遍追求。例如，1948年12月10日，第三届联合国大会通过了《联合国人权宣言》，从多重维度规定在尊严、权利、法律面前人人平等、确证对人的理性和良心并以兄弟关系精神相待的要求，反对在种族、肤色、性别、语言、宗教、政治、国籍、财产、出身或其他身份方面的不平等，要求各成员国保障生命、自由、财产和人身安全的基本权利（第一至三条）作为达到人的幸福、健康、教育、发展的必要组成部分。免于恐惧的安全、人身自由、劳动所得等，在人类过往历史的很长一段时间内并未被视为理所当然的价值，更未成为个人的基本权利，正是现代化带来的现代文明才普及了这些观念，现代化也因此具有了广泛的人文精神和价值感召力。

20世纪60年代，首先在西方国家出现的后现代主义展开了对现代性、现代化运动的批判，有人甚至提出了"现代的终结"。然而，我们认为，

---

① 转引自金耀基：《从传统到现代》，中国人民大学出版社1999年版，第106页（F.W.Riggs. The Modernization of a Bureaucratic Polity. Thailand）。

相比于"现代"是否"终结"的问题，寓意更为深刻的问题显然是"全球的多元现代化"（global modernities）。环顾今日世界，应当承认，不仅许多非西方国家还处于现代化的进程中，仍未达成现代化的目标，即便是发达国家也留有许多未完成现代化的领域、事项。正如哈贝马斯所言，现代化并非终止了的过去式，相反，它是每代人都需要面对并拿出自己的独特解决方案的开放事业。

然而，后现代主义思潮很快波及全世界，包括中国在内的发展中国家内不少人士站在了后现代主义行列，猛烈抨击现代化事业。后现代主义的某些批判值得倾听，从而促使我们的现代化事业更加合理、合法，但我们不能由此得出结论：必须全面放弃现代化努力。严格来说，没有真正实现现代化的国家是没有资格谈作为严肃问题的现代化的偏失问题的，进而转向后现代主义的解构之路。要知道，后现代主义针对的是过度现代化的事实，而非前现代的历史陈迹或负担。不过，审慎考察并吸收后现代主义对"现代性"的某些合理批判，或许正可以促使我们对中国现代化的思考能够避免之前西方现代化建构过程中的陷阱，从而减轻中国当下现代化过程的阵痛或错失。

后现代主义经常被一些人视为主体性原则的最佳诠释，其实，这过于抬高了后现代主义。现代化和现代主义确实有自身难以克服的问题，但这并不意味着反对现代化的学说就自动获得了"合理""进步"的称号。后现代主义非但没有继续主体性原则，反而因去中心化的主张在质疑现代主义的同时走向了非认知主义，这强化了主体性原则中隐含的不确定风险，却未给出营造主体立身、立言、立德的支撑，主体迷失在众多的知识碎片之中。总之，后现代主义至多只是扮演了牛虻的作用，蜇醒人们避免陷入对现代化的一味沉迷状态。现代化进程仍然要继续，现代化事业最终依靠的是具有确定主体性的人们及其展开的现实实践。

后现代主义引入了地方知识，增加了认识周遭世界的维度，这直接挑战了现代主义内在隐含的中心–边缘、权威–服从的序列，蜇醒了现代主义者的自负、傲慢，但后现代主义继承并光大了现代主义提倡的平等、自由、博爱信条，只是它将平等、自由、博爱信条扩大至非西方社会，后现代主义者似乎比现代主义者更加忠诚于上述信条，他们以这些信条为理据批判现代主义者的"双重标准""西方中心主义"。然而，后现代主义在对人的认识上也有偏差，它肯定的是人的感性，即自由且不受限制的天性，以此对抗现代性危机，但用感情反抗现代性是不充分的，因为现代性的开启就始于解放人的感性，现代性的发展是将感性置于理性之中，人的主体性首先在于人对自身主体地位的首肯，人在现实化自身主体地位的过程中不仅确认了自我认同，也完成了社会化、实现了与他人、社会的和解。只有明确承认人的主体性，才能有"人是目的"的哲学主张，人道主义刻印在了现代主义的旗帜上。网络社会发展至今的历史也显示了现代主义的持续效力，虽然网络社会兴起的初期，网络技术精英受到了后现代主义影响，盛行后现代主义色彩的网络文化或网络精神，但在网络社会面向大众、市场应用之后，后现代主义就变得不合时宜，越来越向现代主义靠拢。

（二）单一现代化与多元现代化

从主体性的立场出发，现代化可以被分成单一现代化和多元现代化两种不同的类型。单一现代化就是单一主体的现代化，即以西方模式为现代化的唯一成功范本，将现代化理解为西方化。与此相对，多元现代化强调的是多重主体共在的现代化，走在前面的西方发达国家既是学习的对象，也是反思和超越的对象。正在现代化征途中的非西方国家之间，它们与西方发达国家的关系都是交互的主体间关系，它们应当依据自身的社会结构，发掘既有的传统文化的优势，通过扎根本土的"地方性知识"完成自身的现代化。

赖德菲尔特曾提出过"大传统"和"小传统"这样一对概念。他认为在一个文明体系中，大传统是属于"深思的少数人"的，小传统则属于"不思的多数人"。他进而把古代中国称作是一个"复合的乡村社会"（compound peasant society），它是由士大夫与农夫组成，是大传统与小传统彼此勾连而形成的文化之社会结构。[①] 古代中国建立在农耕文明基础上，但这一农耕文明具有双重主体，即士大夫和农夫，农夫从事的生产活动提供了满足礼制的基本经济条件；士大夫从事的文教活动提供了解释礼制、赋予礼俗世界以意义的文化精神建构，劳力者和劳心者虽有社会地位的差距，但都是社会结构中不可或缺的环节，共处于一个乡村社会系统之中。开启现代化之后的中国打破了大小传统的勾连，也让士大夫和农夫分置于完全不同的世界，遗憾的是，社会未能找到填补、替代的方案，确认经济生产领域与思想价值领域之间的合作互动关系，加之随后兴起的工业化、城市化，农村不仅失去了文化生产的活力，更丧失了文化传统留存和社会生活的延续之主体地位，当代中国的"三农"问题其实发端于现代化之初，伴随着中国现代化的全过程。

反观西方就可以发现，西方农村在近代虽然也曾因"羊吃人"运动出现了凋敝衰败，但在市场自由和国际贸易全面展开之后也将农村全部资源纳入其中，这个问题就逐渐得到了解决。特别值得一提的是，现代化要求的思想启蒙和现代学校教育都是全民普及性的，也波及乡村，城乡差距在现代化了的西方各国最终消失，农民转型为农业产业工人或经营农副产品的商人，农村不过是生活居住地而已。"这肇始于精神上的启蒙运动

---

① Robert Redfield. *Peasant Society and Culture*. Chicago: University of Chicago Press, 1959, p.58.

和物质上的产业革命。启蒙运动催生了'现代人'，使他们从诸如出身、身份和等级等种种封建桎梏和中世纪神学统治的压迫中解放出来，个体理性得以高涨；产业革命则使人类的劳动生产力飞速增进，迅速摆脱'必然王国'的奴役。"[1] 在今日西方，虽然城市仍然是文化、商业、政治的中心，但在社会观念、思想意识和行动方式等方面都已经不存在明显的城乡差别或不平等了。

同为现代化平等主体的诸国如何共处？许多思想家和政治家们都为此做出了可贵的探索。罗尔斯提出的"重叠共识""反思的平衡"有助于各国求同存异，哈贝马斯的"商谈伦理"表明通过对话、协商，在营造并遵循共同规则基础上有望达成可行的交往。中国共产党的第一代领导集团对此也有过深入的思考，例如毛泽东曾提出"深挖洞、广积粮、不称霸"的思想，他认为，练好内功，解决自身的问题才是关键，在国际事务上积极参与，做出贡献，但彼此尊重，不将自己的意志强加他国。邓小平明确主张"韬光养晦"，积极参加国际事务，但不锋芒毕露，不与他国直接正面冲突，保持实力以便集中精力办好国内事情。中国共产党领袖提出的务实原则具有普适的指导价值，对于后发国家而言，不受干扰、不四面出击地做好本国事务，创造良好的国际环境，这是达成追赶型现代化事业的首要条件。

面对网络世界，如何将网络管理纳入社会生活之中？这成为考验当代各国政治集团智慧的现实难题。各国的答卷千差万别，但并非自说自话、自行其是，相反，相互间存在高度的"反制性"，即针对他国的政策给予"一报还一报"的对待。例如他国开放，我则开放；他国封锁，我则封锁，在网络世界重演了现代化初期的"丛林法则"时代。造成这一局面

---

① 李萍等：《现代社会管理的伦理分析》，中国政法大学出版社2012年版，第30页。

的一个重要原因就是各国（以美国为先）过于强调自身在全球网络管理中的主体性，甚至视为唯一可取的"合理"方式，并以此要求他国，这样的政策背后的指导思想完全停留在单一现代化的水平，这只会带来各国间互设"防火墙"，关闭门户。结果是全球网络世界秩序陷入"零和"状态。在今天，我们越来越清楚地看到，网络世界的管理早已经背离实体世界中的现代化价值，二者的紧张与冲突最终将给各国的网络社会建设造成毁灭性打击。本书提出并予以证成的网络责任伦理将是对治上述时弊顽疾的良策。只有放入现代化这一时代背景和人类文明的不断进步之语境下，我们才能清醒理解围绕网络社会产生的种种杯葛，寻找到突围的可行路径。

第二章

现代性在网络社会的呈现和挑战

我们在第一章讨论的现代性主要是基于过去的历史经验及其现代后果而做出的分析，我们发现现代性仍然是今日人类社会的实情，对很多国家及其人民而言，现代性仍然具有价值合理性。然而，信息技术的兴起以及因互联网出现、进一步形成的网络社会，都对现代性提出了新的挑战。毫无疑问，人类发明并推动网络社会既得益于现代性的基本精神，同时它又被寄予厚望成为现代性的助推器。网络社会试图解决现实社会的问题、弥补其缺陷从而证明自身的合法性，目前来看，它部分成功了，但同样也产生了更为严峻的新问题，这些新问题尤其体现在知识、信息、生活三个层面，我们仍然需要进一步协商对话，利用智慧，达成伦理共识，以回答上述人类共同面对的网络社会新问题。

一、知识：理性抑或资本

　　人是会思考的动物，不可讳言，普通人通常思考的结果相当一部分只是意见，甚至臆见、谬误，只有极少部分是有效的知识。如何鉴别其中的差别呢？一方面是经验的检验，即看它是否符合人们看到的事实，但这样的检验有两个局限：其一，不是所有的观点或见解都可以通过经验观察来验证，例如心理感受类的表述、观念式概念、形而上学的命题等；其二，即便可被经验检验，这样的经验也只是当下的、个别的，具有偶然性，无法得出普遍有效的结论。另一方面是逻辑的检验，即看它是否符合逻辑规则、语词表达的规则、前后的判断之间的逻辑是否内在一致从而是自洽的。这样的检验又被称为演绎，得出的是逻辑的真，因而被认为是普遍有效的。上述二者都曾被历史上的不同哲学家加以发挥、改造，分别形成了经验主义和理性主义两个主要的派别。作为哲学方法论，二者的对立不在是否承认理性或经验上，恰恰相反，二者都承认理性的作用，区别在于：经验主义认为理性必须建立在经验基础之上，否则就是无源之水、无本之木；理性主义则提出经验是不可靠的，只有经过理性检验才能得出有效的知识。尽管二者的对立无法消除，但二者所提供的认识图式为现代知识体系的建构分别提供了理论支撑，最典型的就是"实践""劳动""技术"等概念，它们都是经验、理性高度融合之后生成的各类具体知识的重要领域。

（一）知识、智慧与真相

各个民族的文化传统中有相当部分构成了具有特定历史记忆的文化成果，这又被称为"地方性知识"。现代社会突破了地方性知识，试图建立起人类共通的、有效解决问题的普遍知识。这些地方性知识，并未被完全吸收进普遍知识之中，同样，普遍知识也不是地方性知识的叠加，这里存在一个如何理解"知识"与"智慧"的不同及关系的问题。

简单地说，"知识"指被证明合理的确切观点。可以有两种方式证明知识的合理性：一个是经验事实、物理观察的方式，得到的是经验知识；另一个是逻辑推理、公式演算的方式，得到的是理性知识。在不同的思想家看来，两种知识的合理性以及合理程度是完全不同的，那些持有极端立场的思想家仅仅赞成上述之一的方式获得的知识才是有效的。然而，正如人们的常识所显示的那样，绝大多数思想家都主张上述两种知识的证明方式各有其用，在各自的领域内都是有效的。

围绕知识的来源、获取方式、有效与否的判断等问题所产生的哲学争论，通常被划入到认识论之中。认识论起源很早，在一定意义上可以说，古代哲学就起源于此。众所周知，英语中的哲学一词philosophy，来源于古希腊语philosophia，本意是"爱智慧"。"智慧"只有神才有，无智慧但向往、追求智慧就是哲学者，哲学者是通过区分臆见、妄说与真知，并为真知辩护的方式来体现对智慧的爱，即哲学者通过明理、辩难等本职工作努力接近智慧，成为像神一样的人，这就不难理解古希腊哲学家亚里士多德等人推崇沉思才是最高的德性、苏格拉底断言"未经过思考的人生是不值得过的人生"，理由皆在此。

从经验观察或者从思维推理获得知识的方式在今天也受到了挑战。古希腊时期的先哲们已经认识到"智慧"是神的专属物，人无法企及，但人可以像神一样去努力接近"智慧"，这就是寻找真知、真理。中国古代先师孔子曾提出圣人生而知之，自己只是学而知之，他鼓励人们要摆脱不学受困的境地，在学习且思考中不断进步。因为他相信"知之为知之，不知为不知，是知也"，孔子认为即便不能"生而知之"，但人人可以学而知之，而且不只是得到知识，更可以得到"智慧"。中国古代先哲没有严格区分意见与知识的不同，也未在知识与智慧之间划出截然二分的界限，这一方面使得中国古代哲学认识论缺少了形而上学的追问，但另一方面这也促成中国古代哲学普遍持有可认知主义，对人达至知识、智慧的能力抱有乐观主义、现实主义的态度。而且中国古代哲学的"精神人文主义"提出了以"体悟""内省"为验证方式的知识类型。这样的知识不是纯粹的经验观察，也非完全的理性推理，而是认识者通过身心一致、主客一体直接将认识对象涵摄、包容、融汇于己心之中，达到直观了然、自体通透。真相在豁然开朗中显现，即"开悟""悟道"。中国传统哲学给出的认知图式并非独特无双的，现代心理学、社会学、教育学也证明了这样的知识有效性。可以说上述三种方式不仅适应了农业时代的生活场景，很长时间内也与现代社会相适应。但在网络时代，它们都遇到了强大对手，陷入左支右绌的艰难境地。

即便是经验主义者坚持经验事实是检验知识有效性的最终依据，但他们并不反对理性的作用，正是借助理性的鉴别、对比、推理，才能从杂多的现象、矛盾的经验中寻出趋向知识的主线，得出合理的结论，因此，在知识论上，理性主义与经验主义并非根本对立，而是相互补充，他们共同接受"理性"在其中具有不可替代的作用。然而，进入到网络社会，上述观点受到了挑战，资本的大肆入侵和攻城略地，不仅主导了网络世界中知识产生的方式、存在样态，而且也直接决定了什么样的知识被产生，那些有利于资本增殖、市场获利的部分知识被大批量、重复式生产，相反，一些对公众和社会更有利的知识、一些有助于人类总体文明演进的知识却被严重忽略，网络社会的资本为王在知识创造上的厚此薄彼表现得淋漓尽致，无以复加。

网络社会还有真相和智慧吗？网络社会的知识将以怎样的方式存在？众所周知，网络社会是人类通过数字化方式形成的非物理性空间，它综合了计算机三维技术、模拟技术、传感技术、人机界面技术等一系列技术，生成出一个逼真的三维感觉的仿真世界。与现实的物理空间不同，网络社会中的交往主体以某种可以临时更改、随时替换的形象或身份与他人交流，网民也能够以匿名方式发表自己的意见。许多时候网上交往无需考虑自己或对方的社会地位、经济收入、宗教信仰等社会现实生活中无法回避的因素，不必顾虑世俗的偏见和利益冲突，这或许避免了现实世界的压力及面对面的潜在冲突，但却强化了人们对掌控力和虚荣心的想象，从而纵容任性妄为的言论，发言者满足于不可见的假想，以图一己之快，"虚拟化"的身份导致"非实体化"的存在感，这就使得网络交往更深层次地放大了"自然之我"的宣泄，一定意义上被视为实体世界的扭曲或"本我"的释放。这些场景毫无智慧可言，也离真相甚远，至多只是一些碎片化的感觉陈述。

（二）网络社会概念及其特点

网络技术的迅速发展将世界各个国家、各地区以及民族国家内的各个组织机构都连成了一个整体，形成一种人机互动、虚实相生的特殊物质形态和新型的社会组织形式，网络技术使得整个社会空间发生了分化，出现两种空间——网络空间（又称"虚拟空间"）和现实空间。网络空间是一种设法体现全民参与的地球村。人们把它形象地称为网络社会。网络社会既是一种新的社会形态，也是一种新的社会模式。它与现实社会相对，是由电子技术尤其是计算机网络技术为支撑所形成的一种人类交流信息、知识、情感的模拟生存环境。

"网络社会"概念的提出并对它做出分析，涉及多个不同的理论主张。以卡斯特为代表的派别所定义的网络社会强调了网络社会的"网络化"逻辑。不过，卡斯特也指出，这并不意味着网络社会处处是"网络化逻辑"，"并非社会所有的面相与制度都跟随着网络社会的逻辑，就像工业化社会也包含许多人类长期以来生存的前工业形式一般"。其关键在于，"在新时代中全部社会实际上都被网络社会普遍化的逻辑以不同的强度穿透了。"[①]

以麦克卢汉及其信徒为代表的派别持有完全不同的观点。他们认为，网络社会是充分彰显了网络技术功能的社会，是一种不同于现实社会的"虚拟社会"。这一派别更倾向于使用Internet Society 这一概念。

约翰·佩里·巴洛（John Perry Barlow）和托德·拉平（Todd Lapin）指出，网络空间造就了一个完全区别于现实空间的社会，在网络空间中，自由而不混乱、有管理而无政府、有共识而无特权。在他们看来，网络空

[①]　［美］曼纽尔·卡斯特：《千年终结》，夏铸九、黄慧琦等译，社会科学文献出版社2006年版，第333页。

间是自成一体、不同于政府管制之下的社会系统，它较少管制，即便发生冲突也可以自行解决。

国内学者童星、罗军指出，网络社会是一种新的、现实的社会存在方式，但又不同于日常社会。从个人与个人的关系看，日常社会中盛行的是"社会人——社会人"的关系，而在网络社会中是"情感人——情感人"的关系。此外，在网络社会中是个人可能比群体更有力量，个人藏身于无数的他者之中，个人与他者的关系是游离的，个人归属感消失，个人本身而非他所属的群体第一次受到前所未有的承认。他们认为，这也导致网络社会中的人、群体与物之间的关系不再是直接可辨的一一对应关系，相反，中间夹杂了多个变量、要素，变得间接、多元、复杂起来，这与"日常生活"社会的关系完全不同。

从词源上看，"网络社会"是一个新的合成词，来自英语的翻译。在英语中有四个近似的词，分别是network society、internet society、cyberspace、virtual society。Network一词首先出现于18世纪的数学中，当数学家想表达现实世界中的地点之间的关系时，就用"边"和"顶点"绘出了"图"，20世纪30年代一些社会学家用社会计量学识别个体之间的关系，提出了社会网络分析，20世纪五六十年代部分数学家提出了随机图模型，它逐渐成为了最成功的数学模型之一，"它是所有网络进行比对的基准，因为任何对此模型的偏离都表明了在许多现实世界网络中存在着某种结构、秩序、规律性和非随机性。"[①] 可见，network是现实存在的多事物间紧密联系的复杂状态，学者研究它是试图发现包含诸多变量和相互关联的巨大系统的规律。Internet是借助信息技术、计算机终端实现的一种"国际互连"，"互联网仅仅是一个支持各种服务的物理基础设施。其中

① [意]圭多·卡尔达雷利、米凯莱·卡坦扎罗：《网络》，李果译，译林出版社2018年版，第12页。

最成功的乃是万维网（www）。这是一组巨大的电子文档，被记录在组成互联网的设备之中，并通过那些为它们提供导航的超链接相互关联。"[①]从技术上说，"互联网非常类似于一项全球规模的实验，其中没人提出整体结构，而是靠无数代理人的行动将其建立。"[②]Cyberspace（赛博空间）是从技术层面对互联网的描述，virtual society（虚拟社会）则是从互联网达成的实际状态、使用规则的特点方面做出的描述，同时也是从与现实社会、物理空间的世界进行对比的意义上做出界定。从上述说明可以看出，核心理论支撑是network，技术实现手段和达成度是internet，cyberspace涉及关联方治理，它通常为资深、专业人士所使用，而virtual society被证明越来越不合时宜，具有误导性，最好弃而不用，因为网络社会越来越表现出实体性存在的特性，"虚拟"只是对它不了解而做出的描述。

网络社会是基于全球计算机网络化，它将人、机器、信息源之间相互联结构成了一个全新的社会交往空间，这样的空间超出了单一国家的物理空间，实现了不同程度的"全球互连"。概括而言，网络社会具有以下三个显著特征：

第一，数字化。数字化使互联网中的知识或资讯的获取、传递、处理都以0或1的方式存在，无论是接收、储存，还是传播加工处理、应用，都以高速度、高效率进行，从而引起"信息革命"。美国科学家尼葛洛庞帝在《数字化生存》一书中说："在广大浩瀚的宇宙中，数字化生存能使每个人变得更容易接近，让弱小孤寂者也能发出他们的心声。"因为"计算

---

① ［意］圭多·卡尔达雷利、米凯莱·卡坦扎罗：《网络》，李果译，译林出版社2018年版，第38页。
② ［意］圭多·卡尔达雷利、米凯莱·卡坦扎罗：《网络》，李果译，译林出版社2018年版，第64页。

不再只和计算机有关，它决定我们的生存。"①

第二，开放性。在现实世界，人们只能在特定的时刻与一个人或几个人在特定的地点进行"点对点"的交流。网络空间的出现改变了这种状态，人们可以在网络空间的任何时间、任何地点就任何内容和一个或多个对象同时进行交流，实现"点对多"的交流。此外，网上知识的超地域传播，打破了国家和地域界限，把全球不同角落的人们紧密联系起来，成为了"地球村"。与此同时，网络的开放性又为用户提供了平等的、双向互动的沟通渠道，这增强了文化的共享、渗透和扩散，也弱化了民族文化的地域界限，这实际上将促成跨越国家和民族区域间的文化交往。然而，被分割在不同国家中的人们并不是一张"白纸"，他们所接受的思想观念、价值取向、宗教信仰、生活方式等构成了他们与他人交往的"前见"，其中包含的差异、对立在互联网中都以真实的样态呈现出来，相互碰撞甚至争端变得可能且频繁。网络社会不仅众声喧哗，更是众口难调。

第三，自主性。互联网的物质基础是计算机为主的数据、信息处理器，互联网的观念基础是科学家们对互联互通、自由开放世界的设想，由此，科学家、工程师们通过反复协商、改进，一步步付诸实践，落实互联网创始人们的理想主义。互联网文化的核心是用户的自主，每一个终端都是节点，既可以发出信息，也可以接受信息，通过链接技术，实现了特定信息在全球的即时送达和分享，因此，互联网就其本质而言是无中心、无主次的，它没有起始点和终止点，每一个网络参与者都是处于一种交互主体的界面环境之中，每一个人都不是中心，同时又都可以以自己为中心。人们在互联网上自由选择阅读内容或接受知识，选择交谈对象，进行在线时时交谈。由于人人都可以自由地发表自己关于任何事务（自己懂或不懂

---

① ［美］尼葛洛庞帝：《数字化生存》，胡泳、范海燕译，海南出版社1997年版，译者前言。

的所有领域）的见解观点，一定程度上模糊了专家与普通人，作者与读者的区别。网络世界呈现出来的自主性给人一种错觉：网络社会是一种平民化的社会。但事实并非如此，自主性是就网络用户个体而言的，平民化或平等却取决于社会制度的安排，网络社会的出现即便对现有的社会制度安排有所影响甚至冲击，但仍然难以成为撼动现有社会制度安排的主导力量。

（三）网络社会中的知识与真相

网络社会有上述特点，它显著区别于实体社会，但它到底是怎样的社会类型？支撑它的知识以及它所提供的真相也与实体社会完全不同吗？

有人主张网络社会是一个全新的社会形态，奉行与实体社会全然不同的新规则。20世纪90年代初期第一批网络开发者、使用者们提倡一种"自由主义网络文化"，他们普遍认为网络社会由技术主导，网络参与者自负其责，他们甚至赋予了网络社会一个革命性使命：打破实体社会中权力等级、知识产权和受约束的行为规则，提倡开放源代码，每个人免费获得任何想得到的知识，成为全部知识的实际创造者和拥有者。然而，他们的主张碰了壁，更令他们意想不到的是，自由、免费、不受保护的知识产权这些设想尚未来得及被普通用户充分使用，就让资本大鳄们得以大肆侵略如入无人之境，网络公司野蛮生长，在世界各地都出现过"网络泡沫"，经过多轮的资本倾轧，最后形成的是少数几个网络平台巨头间的"攻守同盟"，普通用户获取资讯的自由、网络设计提供的搜索便利和代码的免费等等都消失殆尽。这一古典自由主义网络文化的倡导者们在残酷的现实面前出现巨大的分化：部分人投诚，成为平庸的科技男或码农；部分人转向拥抱资本大鳄，成为网络创业和热钱的收割机，快速攫取初生期网络热的巨大红利；极少部分仍坚守理想的人不得不沦为"骇客"，以骑士精神单枪匹马抗争网络资本利益集团和它们背后的国家机器。这是西方网络先行国家曾出现的景象。这其实反映了现代性的光与影，网络技术的更新、网络社会的出现，无疑得益于现代科学知识的应用，但网络社会恰恰是在引入现代性的市场机制之后，资本的逐利冲动加速了网络平台建设，推动了网络技术走出科学实验室，从国家资助的战略项目脱胎换骨，成为风险资本投资人、网络市场淘金者的战场。

为此，我们有必要首先了解一下标榜市场自由、经济理性的现代性是如何被西方资本势力玩于鼓掌的。这就是随处可见的网络社会中的西方资本霸权地位。为了理解网络社会和互联网产业竞争中的国际关系，我们不妨借鉴萨义德的理论来剖析这个现象的本质。大体而言：西方网络公司首先让第三世界的用户们进行模仿，用户们因免费愿意去接触和了解网络，开始认可网络的新颖、便捷，并逐渐习惯了使用网络解决工作中的难题，或者满足生活中的需要，甚至有不少人形成了"互联网依赖"。萨义德的理论告诉我们：网络中的西方中心主义暗含了这样一种理念：只有遵循西方所指明的道路，才能真正通往互联网的"福音"。这就使得用户逐渐习惯于将一些表示落后含义的词语与第三世界的典型存在挂钩，勾画出全球范围内的网络社会等级地图，也因此蔑视一切本国政府的必要"管制"，并将之简单地视为"封闭"。

此外，在网络社会中，网络技术的发展方向和总体的经济社会状况、网络使用者与网络运营商的关系正在出现日益明显的统一化的情形，但这并不意味着各国（或者地区）的网络社会有着一模一样或者高度一致的内涵式形态，恰恰相反，这是一种各自国家文化作用下的彰显差异和多样性的社会形态：不同的宗教信仰、民族身份、政治制度认同等因素都影响着网络世界中的成员做出各自的判断标准、拿出各自的行为方式，其结果不是更加一致、同一，相反，而是更加多元、差异和分歧，从一定意义上说，网络社会是拉大、再现和重申了现实社会中的区别乃至对立。

由于利用网络收集信息具有强大的便利性和令人无法置信的抓取能力，网络上的个人言行和活动轨迹在技术上极可能完全被记录从而被复原，它可能细致到令人恐怖的程度，如果这些信息泄露出去或者被不恰当地使用，个人隐私权将受到极大的侵害。这就意味着每个人在网络上都是在"裸奔"。当然，许多国家都开始意识到了这个问题的严重性，为了保护个人隐私权，颁布法规或条例限制网络上的个人信息在任何情况下都不能被泄露，一些商业公司也承诺开发和应用加密技术以消除用户的疑虑。更为严重的问题在于：不仅是网络平台的商业利用，很多时候个人隐私与社会安全难以两全：一方面，为了保护个人隐私，个人为自己的行为负责，网络公司、网站的磁盘所记录的个人生活应该完全保密；另一方面，为了防止突发事件或者快速追踪嫌疑人，每个网络用户的网上行为应该记录下来，必要时用作执法的证据。保护用户隐私是重要的，同样重要的还有网络安全，包括国家、社会层面的和公司层面的，有时前者的安全被置于用户隐私之上，如果因此将网络安全看作唯一重要的价值，并将之作为忽视或无视用户隐私的"正当理由"，那就值得反思了。从网络伦理上看，这恰恰是一个值得思考的问题点，二者并不天然对立，也不自动地构成轻重、强弱关系，相反，需要在二者之间做出权衡，基于公正的考察，针对一事一例做出有针对性的解决，才能不留伦理遗憾。面对如此尖锐的伦理冲突，应当围绕这个问题展开充分讨论，拿出共识，在二者间找到合理的平衡点。

正是围绕网络社会是否提供了有效的知识这个问题，学者们之间产生了巨大的分歧。极端反对者和悲观论者大概属美国著名的媒体人安德鲁·基恩（Andrew Keen），他在专著《网民的狂欢：关于互联网弊端的反思》中指出，"很多网民虽然能力平平，却毫不谦虚地生产出不计其数的产品。……web2.0就像打开的潘多拉的盒子，它让我们的社会生产了频繁接触色情文化的年轻人、从事网络剽窃的盗贼、患有强迫症的网络赌博者以及各种各样的痴迷者；它诱使我们将人类本性中最邪恶、最不正常的一面暴露出来，让我们屈从于社会中最具毁灭性的恶习；它腐蚀和破坏整个民族赖以生存的文化和价值观。"① 多数学者持有相对温和的态度，既看到了网络社会兼具积极面和消极面，同时也承认拥抱网络社会的历史必然性。例如，卡斯特指出，"信息技术革命和资本主义的重构，已经诱发了一种新的社会形式——网络社会。……这个新社会的组织形式以其普遍的全球性，扩散到了全世界，一如工业资本主义及其孪生敌人——工业国家主义在20世纪所做的那样，它撼动了各种制度，转变了各种文化，创造了财富又引发了贫穷，激发了贪婪、创新和希望，同时又输入了绝望。不管你是否有勇气面对，它的确是一个新世界。"② 卡斯特认为，网络社会改造了传统社会的"自我认同"，将之发展为"社会认同"，"这样的社会认同是以用户参与其中的交往、互助而结成的建构性认同"。

国内学者刘少杰提出"传递经验"的概念，认为"传递经验是在网络信息交流和事实评价中形成的经验。"③ 从认识上看，"传递经验"是一个突破，已有的哲学理论通常将人的认识途径分成了直接经验和间接经验两种，直接经验来自当事人（主体）的耳闻目睹，间接经验来自书本、理论所描述的内容，在很大程度上也是别人的直接经验的折射，二者都离不开主体的在场，都是对现实情景的真实感知。"传递经验"则十分不同，它是被波及到、被辐射到的，就如同麦克卢汉的比喻，可以将直接经验和间接经验看作"光照射"，"传递经验"则是"光透射"，一个人从网上、手机上"看到"的图片、"读到"的文字很可能不是原件，中间已经

---

① ［美］安德鲁·基恩：《网民的狂欢，关于互联网弊端的反思》，丁德良译，南海出版公司2010年版，第2页。

② ［美］卡斯特：《认同的力量》，曹荣湘译，社会科学文献出版社2006年版，第1-2页。

③ 刘少杰：《网络化时代的社会转型与研究方式》，载《学习与探索》2013年第7期，第34页。

有了无数人的传播，在传播中又被不断加工，如弹幕、修图等。就社会结构的角度而言，"超越空间限制的缺场交往成为沟通交流最活跃、影响层面最广阔的交往方式，传递经验成为可以横向连结且能引导在场经验的主导经验。"这直接影响到了网络化时代的权力关系，"不仅是原有权力结构中力量对比关系发生了变化，而且更重要的在于新奇权力的成长壮大，传统权力结构由此而注入了一种导致内部持续紧张的新权力构成"。①

在网络社会，用户读到了很多消息，但这些消息中的绝大部分离真相很远，甚至也不能称之为知识，为数不少的网络用户其实是缺少鉴别力的，而且他们完全不了解网络信息的本质及其特点，仍然沿用传统的认知模型来看待网络"新闻""消息""事件"，还有人以此积极模仿或者作为自己日常生活的"指导"。人们都知道"股市有风险，投资需谨慎"，这是几十年间无数人的血汗钱打水漂后换来的教训，但人们对"网络知识有真假，引用网络需三思"还非常陌生，这正是网络平台公司落实网络责任伦理的重要场合，网络平台公司应肩负起社会责任，采取可行、简便的方式，以醒目的提示和易懂的案例教育广大网民，让他们对网络社会中的知识、"真相"保持适度的距离，持有恰当的自我判断。

二、信息：资源或国家权力

互联网是一种基于新技术的信息载体，它通过加速信息的流动、优化信息资源的配置，最终对政治、经济、社会、文化领域产生深刻影响。

① 刘少杰：《网络化时代的权力结构变迁》，载《江淮论坛》2011年第5期。

例如，智能手机的流行，突破了使用者年龄等方面的限制，互联网正在成为许多人日常生活的一部分，加之现实生活中公共参与空间、平台的缺失，促使很多人从互联网寻找突破口，每年产生大量的网络热词汇，显示出网络社会的活力以及互联网无处不在的影响。互联网的核心在于解决了信息传播的问题，技术的迭代更新使得互联网始终处于大量发布和抓取信息的前沿阵地，这不仅促成了信息的快速传播，同时也极大解决了信息不对称的问题，然而，信息的快速且大量的流动，在深刻改变我们的日常生活方式的过程中，也造成了网络社会形成了快节奏、碎片化和留痕式关联的特点。这缘于电子信息的本质属性，它既有某些物质性特点，如占据内存、有痕迹，但又不是构成性实体，它是无形无象的；它既有某些观念性特点，如可以自我复制、再生产，倾向于广泛传播、被知晓，但又不是思考者，它不是稳定的主体。只有充分、准确认识信息的本质，才能对互联网、网络社会做出合理的解释，也才能为接下来谈论的网络伦理这一话题提供坚实的基础。

（一）信息的本质

网络社会的结构单元是信息，信息通常以数字化形式存在，如音频、图像、文字等都首先被转换成数字化才能完成传输、解码并被接收。但任何信息都会占据空间（内存），包含了前因后果的承接关系（大量看似无关、琐碎的信息却可以汇集、拼接出比现实人更真实的当事人，或者逼真还原事件的"真相"），不仅如此，它还可以满足现实中人们的多种需要（交往、学习、情感等），一旦建立起了营利模式，信息取代土地、资金，成为了造富神器，在今天，互联网巨头成为了市值最高、投资前景最好的绩优股，互联网企业全面侵占、攻克了实体世界的各个领域，并推动这些领域被迫做出改变，例如出租车行业、银行业、餐饮业、继续教育等。网络社会不只是名利场，也是受到争议最多的新事物，它导致了一些传统产业破产、实体公司倒闭，一大批不熟悉网络的低学历者或较大年龄的员工失业。网络社会解决了部分现实世界中的问题，与此同时，它也放大、产生了更多新的问题，例如它让色情交易、诈骗、赌博等变得更轻而易举，还有隐私泄露、知识产权的侵害事件等在互联网空间时时发生。网络经济的兴起，特别是"互联网+"业态的出现，不仅提升了互联网的热度，而且也增加了围绕信息产生的争议。

可见，网络社会的信息化存在样态一方面突出了知识的价值，要求尊重迭代更新的知识产权、保守创新者（商业）秘密、网络使用者的通信自由，但另一方面却存在大量的侵犯知识产权、用户隐私泄露等令人不安的现象。人们上网的任何行为都是一种"留痕"，成为被商业公司、政府有关部门搜集的信息、数据，在抓取、爬梳、分析之后就可能将上网者的爱好、隐私等做出清晰还原，这就是人们通常说到的"网上裸奔"。这样的问题并非只限于单一国家的地理疆界之内，而是扩散在全球。

我们要在此着重申明一点：信息不同于知识。任何一种可以在人与人之间进行传播的因素都可以被看作是某种信息或包含着信息，信息可以包括进知识之中，而且现代知识在传播中也通常是以信息的形式出现的。在网络社会，信息无处不在，有时获得了信息就意味着知道了事实或答案，因此就有人误以为信息之中包含知识，它是知识的载体。其实不然，在接收方那里，信息与知识的差别可以被清楚地觉察到：其一，接收方对信息的接收、处理、应用取决于他所拥有的知识；其二，信息所包含的知识只有在接收方作出确认后才构成现实的知识，即便信息的发出者（信息源）赋予信息以知识，信息的接收者却未必读懂或认可信息中的知识，若未被准确读出，这一信息对此人而言就没有提供知识；其三，信息的接收者也可以无中生有地赋予信息以知识，即他以他的认知偏向做出解读，从而强化他预先持有的倾向性，结果，信息的接收者却读出了信息的发出者并未主动负载的那种知识。[①]

从哲学角度看，信息的本质是什么？这是一个制约我们理解信息从而准确认识网络社会的前提问题。有学者认为信息包含了知识，并且是可认知、可传播的知识；有学者主张信息是对客观事件的描述，有其特定所指，因此可以还原到某一实在或时空场景；也有学者提出信息是观念的构造，是从思考者发出的有意义的所指，等等。综合已有的文献并借鉴前人的相关研究成果，我们在本书中将信息定义为包含在特定媒介中可被解读的资讯，由此定义可知，"信息"的概念包含了如下三个方面的要素：第一它是资讯。信息传达了特定的消息，例如电视的天气预报传达了信息；第二它要借助某个载体，即依托特定的媒介，如书报、广播、电话、互联网，但人们的口口相传或耳语私聊则被划出，它的意义是交流、交往本身，而不是口传或私聊的内容，因此不是信息传递或表达的通常媒介；第三它可以被理解，尽管可以有不同的理解方式从而产生出多种理解的结果，但只要是从这个信息引申、扩展出来的，那么，都是该信息内在具有的特定含义。总之，完整的信息定义离不开上述三个方面，这三个方面都存在被改写（接受者）、被掌控（发出者或发出过程）的可能，媒介的性质和技术难度也会影响到信息是以什么方式或怎样的程度得到传播、解读，因此，媒介的所有者（互联网公司、电视台、广播电台、杂志社等）握有了极大的信息权力。

尽管网络社会仍然以资本驱动为主、网络时时出现的信息不等于知识，但绝大多数普通用户却难以认清这些问题的实质，无法透过现象的重重迷雾直抵本质，相反，他们常常满足于表面现象，而且还会因在网上找

---

① 张康之：《论基于信息的社会治理》，载《中共杭州市委党校学报》2017年第2期。

到了同类者误以为自己的观点就是对的、有很多人站在自己的一侧。在社会学上有个专业词语"效能感",可以用来说明这问题。社会中的个体实际具有的能力是千差万别的,人们行动前通常会对自己拥有的能力、条件以及行动后果等做出预判,然后决定是否采取行动。如果自认为能力不足,无力改变现状,自己的行动对结果无甚影响,他就会放弃行动,这表明他的效能感低。相反,他相信自己的行动会直接对结果产生影响从而果断行动,这就是效能感高。效能感高或低都是一种主观感受,与他实际的能力高低无关,是他对自身行动后果的主观判断。不过,在现实生活中效能感低的人却很可能在网络社会表现出极高的效能感,例如,"人肉搜索引擎"就是由每一个普通的用户在强烈的效能感支配下,参与进来,补充信息,传递下去,直到将事件中的被曝光者的全部个人真实信息拼接完成,"人肉搜索引擎"的强大威力提升了网络用户们的道德义愤,最终却演变为现实生活的暴力行为。同样,在对国外某个新闻的报道之反应上短时间内积聚起来的"网络民意"通常也是这些高效能感的普通用户们。此外,处于激烈市场竞争环境下的网络平台始终遭遇着"劣币驱良币"法则的无情拷问,在迎合网民、用户以便增加用户黏度的现实主义政策下,网络平台在网络暴力问题上常常无所作为,特别是在当下的中国,网络平台原本具有的、对公众人物和政府行为的舆论监督功能受制于现行的监管政策而陷入被动与受限的境地,它们有时还会间接默许网民不断伺机寻求不满情绪的宣泄口以给监管部门传递负面讯号。对信息透明的渴求、对言论自由的期待,汇合在众声喧哗之中,借助某个网络事件以一种极端的方式曲折表达出来。

(二)信息与权力

正如上述对信息的定义所揭示的那样,围绕信息产生了权力问题。

如果我们将权力理解为对他人施加影响从而做出一定程度的服从，那么，信息相关的权力或许包括了四个层面：首先是商业资本的介入，对信息加以利用获取收益、增值，这是市场的权力；其次是行政部门的介入，对信息的内容予以管制、疏导，确定哪些信息可以被广泛传播或部分传播或禁止传播，这是行政的权力；再次是一些社会组织、团体依据社会道德观念、宗教信仰等对互联网上流传的信息提出审核、检查或限制的要求，这是社会的权力；最后是用户的权力，当自己的信息被不当使用时，他们用脚投票表达不满，即放弃使用某网络平台，卸载应用程序或退出登录、关机等。上述四种权力的出处不同，作用方式也不同，产生的效度和强度自然也完全不同，不过，一个合理的网络社会应当给上述四类组织或群体同等的权力表达空间，一家独大，无论是资本为上或政府唯尊，都是不合适的，都会对其他组织或群体的存在造成挤压，难以形成和谐、可持续的网络社会秩序，因为上述四种权力群体间的恰当关系正是网络社会正义制度所必不可少的基础构件。

网络社会进一步演变也将对上述四种权力产生重大影响，这首先会增强拥有核心技术的互联网平台公司的市场力，它正在促成经济形态、生产方式和职业类型等领域的巨大转变，这不仅决定了网络社会的存在特性，也将直接改变现实社会的既有格局。英国牛津大学两名研究人员评估了美国700个职业"计算机化"的可能性之后得出了如下结论："美国47%的就业机会面临危险。"在今后10年至20年的时间里，半数工作都有可能自动化！"无人驾驶汽车"是作为一种技术壮举出现的，与此同时，司机这个职业曾经在美国是最普通的（开重型汽车、轿车、客车和出租汽车的司机多达400万人），但这个职业正在面临重大的重组，未来将会消失。[①]

---

① 让·马克·维托里：《机器人对抗就业》，法国《回声报》网站2015年5月6日。

网络社会也会赋权政府、社会团体和个人，赋权后的反制将使三者的关系更趋复杂和不可控。这样的变革及其权力的分布或集中究竟是进步还是倒退？是幸事还是灾难？难以一概而论，这要取决于言说者站在哪个人群的立场，例如，经济学家杰弗里·萨克斯和劳伦斯·科特利科夫站在底层体力劳动者一边，担忧他们的处境将会恶化，他们指出："即将到来的变革所导致的生产力提高，可能使未来几代人的生活总体上变得更加糟糕。工人被机器人取代，他们的收入也可能落入机器人的所有者手里，大多数工人将'被退休'"。[①]

　　网络社会有着不同于以往任何时代的独特属性，而且信息技术和人工智能研究的快速发展不断推动网络社会的变形、变异，加之我们身处其中，对它的认识还不够深入，远远不能把握它的全貌，更不用说对它的未来走向做出合理预测，因此，我们要观望其变，有时过度的干预、过早的限制不仅会加大网络社会的不确定性，而且会扼杀中国企业的国际竞争实力，降低中国国民网络生存的自主适应能力，这就提醒我们：信息领域还存在第五种权力，即技术权力。科学探索、技术迭代更新所包含的知识裂变、产品升级，算法的进步、处理信息的电脑变得更加先进，它们带来的力量具有破坏性和建设性并存的双重功能，信息中的技术权力并非完全是被动的、完全受制于人的设计或操控，实际上，越来越多的人工智能技术运用于信息领域之后，信息技术已经获得了更高程度的自动化，甚至自主学习、自主进化。因此，我们需要更加深入地了解、尊重信息技术的权力，建立合理的制度架构，将诸种权力有机地放置于网络社会之中，促成每种权力的相对独立发展从而建立起各种权力之间的恰当关系，构建公正、自由、进步的网络社会。

[①] 转引自英国《金融时报》首席经济评论员马丁·沃尔夫的文章：《为什么说技术乐观主义者错了》，美国《外交》双月刊7/8月号。

我们应当承认，国家权力进入网络空间，这是必然的，这是网络社会发展至今的国际常态。在网络空间草创阶段，它的走势不明、对实体社会的影响不大，国民和国家都在观察、等待，当它足够强大、频繁引发具有社会意义的问题且难以用自身力量和既有规则去解决时，外部力量的介入就正当其时。但网络社会毕竟是一个新事物，具有明显区别于之前一切技术、空间、交往的全新特征，对它的监管、引导必须把握合适的尺度，应当事出有因、名正言顺，为此就要做出多个层面的综合权衡，例如"网络治理"被证明比"网络监管"有着更合理的道德理由。按照联合国网络治理工作组（Working Group on Internet Governance）的定义，网络治理是由政府、私营机构和公民社会从他们各自的职责出发，共同形成、发展和运用达成高度共识的原则、规范、章程、决策程序和制度安排，以此影响和推进互联网的合理使用。中国目前的网络监管实践在形式上都符合联合国有关网络治理的一般框架和要求：政府机构、网络运营商和网民们各司其责，各负其职；强调法制，强调依法监管，同时肯定道德自律和社会责任等等。但是，当我们进一步深入讨论互联网治理的议题、方法和程序时，就会发现中国的网络监管不仅有自身的独特内容，而且也有自身的独特理由。

不仅在经济上，在社会参与、公民权利维护上，围绕互联网产生的议题同样令人莫衷一是。约翰·赫尔斯卓（Johan Hellström）在2005年发表的《网络监管与人权》一文中将缅甸的"切断电缆"（cut the wire）政策和中国的"金盾工程"视为"网络监管侵害"（internet governance violations）的典型代表。这一观点在西方世界引起了相当程度的认可，尽管我们未必赞成上述观点，但确实有许多值得我们反思、检视的方面，至少从网络社会的正义制度安排而言，政府对网络信息的单方面决定权确实存在滥杀无辜之嫌。此外，我们应当看到：从网络社会的形成历史来说，"网络监管"这个原本侧重于技术和经济层面的概念，最初是由网络公司、网络行业自律来达成的，若全部划入行政监管之中，就会被注入强烈的政治色彩，"网络监管"就沦为了"网络审查"（internet censorship）的同义词。赫尔斯卓的观点在国际互联网领域之所以引起了极大关注并成为攻击中国的主要口实，其实也促使我们思考：国家行政机关以保护者的身份介入网络社会、实施严格的内容审查，并对违规者予以严厉的行政和法律处罚，这是否需要给出充足的道德理由？政府可以介入的领域和事项到底有哪些？政府介入时可以采取的合理手段是什么？政府介入的伦理价值究竟是什么？这些问题值得认真思考并给出合理的回答。

由于中国网络监管侧重于对内容的监管，尤其侧重敏感的政治内容的监管，使用过滤技术来屏蔽"有害不良"信息，加之政府监管依据或标准或理由不透明、不公开，网络平台和用户只能揣测可能的原因，不碰"雷区"或"禁区"的最"稳妥"做法就是不触及现实、无关政治，比较安全的内容只能是娱乐、八卦新闻、游戏等，相对严肃的社会议题、学术讨论都难以扩展，更无法在"意见市场"的自发淘汰中脱颖而出，相对理性、冷静的建设性观点经常被情绪化意见、表态式站队所掩盖，结果进一步强化了互联网的娱乐功能，简体中文的网络平台事实上将大量资源用于娱乐领域。在线收听收看音频视频、玩网络游戏等，成为占中国网民近七成比例的年轻人的主要用途。对娱乐信息与游戏信息的过多关注，不仅降低了人们对现实事务的关心、对现实世界的兴趣，而且进一步放大了网络碎片化时间、知识、生活的弊端。

网络社会有其自身的行事逻辑，市场竞争和用户选择也可能对网络平台形成压力，行业协会对会员企业的自我教育和约束、惩戒也可以起到相当大的作用，因此，需要分清网络社会多元主体各自的角色、认清各自发挥作用的独特方式，从而划分出各自负责的领地、事项，逐渐地形成较稳定且有多方参与的网络社会的有机秩序。

在寻求国际合作结成网络治理共同体的过程中，中国企业和政府既遇到了政治体制和社会意识形态方面的冲突，也有语言沟通上的障碍，出现了词义表达和内涵揭示上的根本分歧。例如，关于"互联网治理"一词的理解就是如此。"Internet Governance"在联合国官方中文版文件里翻译成"互联网治理"。而中国政府、商业机构、学术团体、大众传媒以及网民个体，在他们的公文、报告、著述、报道和日常交流中，习惯性地使用"网络监管"作为英文"Internet Governance"的对应翻译词语，因为它更接近我们的现实政治，这体现了互联网治理的"中国式"理解。在中文相关研究成果① 中，互联网"监管""规制"与"管制"等都是出现频率甚高的词语，"监管"主体几乎无一例外的只是政府，而且被监管的对象大多是网络传播内容。政府对网络社会进行监管是必要的，但政府的监管权力也要受到监督和制约，不仅如此，网络社会的未来工作目标应当是减轻监管、转向治理、尊重各个权力主体，最终建构合理分权、相互配合的网络治理体系。

（三）公民的信息权利

毋庸置疑，公民在网络社会具有多重角色从而拥有多项权利。首先他是一名用户，是互联网的使用者，他具有消费者的权利。其次他是一名劳动者，他应享有劳动权利。他的上网痕迹就是网络平台搜集的信息，加以分析和挖掘就成为了平台的核心资产，但目前的多数国家在此问题上未能做出相应的立法或行政监管，网络平台更是对此视而不见。网络用户同时也是劳动者，他浏览网页、下单订货、发言点赞等行为也是某种意义的

---

① 相关的论文包括但不限于如下篇目：钱伟刚《网络媒体的发展与管制》、郭春涛《互联网规制的立法构想》、石雁《政府网络监管与个人隐私保护》、李永刚《"国家防火墙"：中国互联网监管的政治学分析》、严三九《论网络内容的管理》、毕子甲《新时代背景下的中国互联网内容监管》等。

"劳动"。由于完全忽视了公民在上网的同时也是在"劳动""生产"，网络平台标榜的"免费"其实是用户花费一大把的时间驻足于此不断刷屏换来的，网络平台不仅没有施舍、恩赐什么东西，相反，无偿侵占了用户的时间和个人信息留存产生的有价资源。第三他是一名平等的参与者，他有受到法律保障的自由言论、批评、建议权。

在网络时代，由于储存、传播技术日新月异的迭代更新，海量信息每时每刻出现于每一处角落，人类生活痕迹留下的数字化信息大幅度增长，并被长时间地（甚至是永久性地）保存下来，或许日后被当事人之外的任何不特定的人检索。我们每天都在接收大量数字信息，每天也发出了很多数字信息。数字化和互联网大大便利了我们的生活，我们可以通过网络购物，也可以通过电子邮件通讯，数字化和互联网也增加了我们的生活内容：在论坛里参与讨论，在博客上抒发自我，以及在社交网络上寻找乐趣。所有的这些行为都带来了两个后果：其一是"雁过留声"。人们在网络上的每一次行为都被记录下来，人们的购物记录、搜索记录、网上发言、好友添加等等都被互联网记录下来。利用和分析上述全部信息就可以追踪，还原到特定的那个人。其二是"雁过拔毛"。被记录下来的个体上网信息、网络痕迹都将被网络平台所用，存在侵犯隐私的可能。例如，国际互联网巨头谷歌，它记录了用户的每一次搜索结果，保存了每一封Gmail邮件。不仅如此，谷歌通过分析网络使用记录来判断用户的喜好，精准推送广告。总之，用户在使用网络的同时，全部的上网痕迹和使用记录都被网络保存，这对用户来说始终是一个随时会掉下的达摩克利斯之剑。

现有的网络社会建立在信息和大数据基础上，"信息既是流动于网络空间中的资源，也是连接网络内外的关键环节。当网络空间与现实空间发生相互作用时，衍生的各种伦理问题都与信息的产生、占有、传播和使用权利的行使有关，我们将这些权利称为信息权利，信息权利是连接虚实两界的伦理纽带。基于这一思考，可以认为公正原则是建构网络伦理中的着眼点，因为它是指网络信息权利分配应该体现社会平等，从而可以被确定为判断网络信息权利的实现是否合理的根本标准。"[①] "信息权利"正是我们应对网络社会中伦理问题进行的积极思考后果，"信息"是网络社会的生产资料，是物质性实体存在，"信息权利"则是网络社会中的人们关于信息的要求，这一要求一旦提出就意味着要有承担、满足这一要求的客体，而且这一要求具有内在的道德合理性，这两个条件若同时得到满足，该要求就可以确定为特定的权利。网络用户对信息的相应要求（知情、同意、获取、转移等）之所以是合理的，因为网络若离开了信息，它就只是一个空壳，正是每一个网络用户使用过程留下的痕迹成为了"信息"，用户是信息的生产者，自然有相应的要求，如同劳动者对其劳动产品具有天然的合理要求一样。对应这一要求的承担者就是网络平台及其组织者。

超出合理限度的网络监管也会直接损害公民的信息权利。强制性的信息过滤和信息封锁政策，使网络监管在一定程度上表现为一种管制"暴力"，这将导致至少两个严重的不良后果：其一是严重侵害了用户作为公民个体的私人领域，这对个体独立和自主意志、人格的统一都具有破坏性。其二是充斥着与监管目标相符的舆论，出现了网络声音一面倒的虚假意见空间，这直接扭曲了"民意""公众的呼声"的健康表达，也给政府有关部门的决策提供了错误的讯号，最终导致建立在虚假"民意"基础上的决策背离现实，无法达到预期的行政目标。

建立合理的网络社会的权力结构，离不开公民的信息权利这个重要支柱，否则网络社会的权力关系就会出现异化。从既有的网络社会发

---

① 刘大椿、张星昭：《网络伦理的若干视点》，载《教学与研究》2003年第7期，第25页。

展历程来看，至少中国的互联网发展完全是由强大的政治和经济力量驱动而成的，公民的信息权利始终没有成为主导因素，因此，互联网无法承载无数普通网络使用者新建一个更自由、更美化、更民主的梦想。这就不难理解现实社会的一切丑陋现象、社会矛盾、社会问题等同样都会出现在了网络空间。[①] 在此，我们特别重申公民的信息权利，上文我们提到了网络社会中的五种权力，它们既有相互制约的一面，更有相互对抗的内容。公民的信息权利则有所不同，它是判断上述权力是否行使正当的标准，只有不侵害并且有利于公民信息权利发挥的权力才是合理、正当的权力。

"无论如何，互联网的积极意义在于它在人类历史上第一次将个人从由中心到边缘的社会关系模式中解放出来，赋予了每一个个体平等的地位与权力。"[②] 网络社会将走向何处，需要公民的积极参与，只有开放足够的空间和渠道，并充分吸收公民的意见，以公民的信息权利制约网络平台的市场权力和政府的行政监管权力，才能克服网络社会的"乱象"，理顺网络社会与实体社会的关系，从而构建合理且公正的网络社会秩序。

三、生活：模糊了的时空场景和交往对象

网络社会又被称为"网络空间""网络世界"，它的时间轴几乎被忽略，因为它被假定为一元性地指向未来，在时间性质上似乎没有什么争

---

① ［美］丹·希勒：《数字资本主义》，杨立平译，江西人民出版社2001年版，第289页。

② 张燕：《风险社会与网络传播：技术·利益·伦理》，社会科学文献出版社2014年版，第81页。

议，但对它的空间属性却有不少争议。毫无疑问，网络社会改变了人们对空间的传统观念，它表现出了空间上的不确定、无定型、无边界，网络社会究竟属于怎样的空间呢？有学者指出，"我们发现了四重空间的研究。地理空间和社会空间主要是物质空间，表象空间则无疑是观念空间，而网络空间是利用信息技术把地理空间、社会空间和表象空间联系起来、扩展开来的中介空间。"[①] 或者简单、直接地将网络空间称为"表象的空间"。[②] 相比于既有的实体社会，网络社会模糊了时空场景以及时空中的交往对象，对身临其境的人们而言，仿佛过着"双城记"的生活。

（一）网络社会中的"双城记"

正如我们在上文所指出的，网络社会并非虚拟社会，同样，网络的空间形态也非单一的，形象地说，网络社会存在"双重空间"，即网络社会中的"双城记"，一重空间是信息技术、网络平台提供的在线空间，这样的空间具有人为设计、技术主导的特点；另一重空间是用户将现实需求转移到网络之中，网络平台借助满足用户需求实现获利、增值，用户投入的是货真价实的时间、刷屏动作、关注行为和个人信息，网络平台收获的是真金白银和市场价值。

正因为具有双重性，网络社会可以帮助完成实体世界的多种诉求，并让网络使用者获得成就感。麦肯纳（K.Y.A.McKenna）和巴奇（J.A.Bargh）认为，借助对物理空间和社会空间限制的突破，互联网为现实生活中的边缘群体提供了交流沟通的场所。网络活动中的相对匿名性使

---

① 刘少杰：《中国网络社会的集体表象与空间区隔》，载《江苏行政学院学报》2018年第1期，第61页。

② ［美］曼纽尔·卡斯特：《网络社会的崛起》，夏铸九、王志弘等译，社会科学文献出版社2006年版，第382-384页。

得人们可以将平时隐藏的价值信念展示出来。通过在网络中的群体互动，以及对群体资格的认定，人际间原有的边缘化的社会认同得以强化，从边缘化走向去边缘化。通过对边缘化网络群体卷入程度，最终形成边缘化的性别认同群体和边缘化的政治认同群体之间的研究，麦肯纳和巴奇发现，网络群体中的认同也反过来影响到人们在实际生活中的社会认同，形成了"去边缘化"的认同机制，这使参与网络的群体弱化了人们之间的社会疏远和社会隔离。边缘人群也被动员并在网络社会找到志同道合的人。不过，网络社会的"去边缘化"认同机制并未提供普适性的价值观或认同目标，它不过是一方面为用户提供了抱团取暖和新的自我认可，另一方面又加深了人们实际生活中原本存在的观点分歧、阶层分化。

这主要源于网络社会的交往是一种缺场交往。它有别于实体社会的在场交往，缺场交往究竟会产生怎样的持久改变？这仍然是一个有待观察的现实问题。由身体行动在一定实体环境中开展的在场交往，不仅有其可直接观察到的外在客观特性，而且还有某些不能直接观察到的内在主观特性，人们的交往行为是受到主观心理支配而展开的，然而，个体的在场交往并不意味着毫无保留地展示出全部心理活动，特别是在场环境和面对交往对象的当下反应，这些都会促使交往者隐匿某些真相，在场交往并不就是真实、真诚的。相反，缺场交往不受实体环境的限制，故当事人的心理活动有可能得到较充分的表达，由此显得比在场交往更放松、自在。虽然缺场交往隐匿身体并超越了社会空间，但这样的缺场交往并非完全脱离在场事物而处于虚拟化状态，其实质不过是在场交往中已经包含的某些内容以扭曲、转换的形式得到重现，或许延时，或许扩界，或许交互作用。

网络社会提供的技术条件使得新闻报道、意见表达和愿望呼声等可以在一定范围内自主实现，即网络使用者个体就可以通过发送微博、微信朋友圈或短视频等直接、迅疾地报道身边事件或点评听闻的事情，这就是通常说的自媒体。自媒体的概念最早来自于吉尔莫在2003年1月出版的《哥伦比亚新闻评论》发表的一篇题为"News for the Next Generation：Here Comes 'We Media'"的文章。谢因·波曼与克里斯·威理斯在2003年7月联合撰写了一份微博传播模式的研究报告，不仅采用了吉尔莫的"We Media"这个词，而且做出了定义："We Media"是普罗大众经由数字科技强化，与全球知识体系相连之后，提供与分享他们本身事实、他们本身新闻的途径。"We Media"在台湾省被译为"草根媒体"，大陆则译为"自媒体"。①

自媒体是平民化、普泛化的传播者，它借助网络电子化手段（如QQ、手机短信、博客、微博、播客、社区、分享服务等），向不特定或者特定的人群传递规范性以及非规范性信息的新媒体。在Web2.0时代，自媒体在公共领域充分体现了其独立、批判、自由交流的精髓，自媒体因此也在一定程度上以"公共的意见市场"的形式介入社会舆论的形成过程。一些因拥趸众多，支持者达到百万、千万级的"大V"们会以公共代言人的身份，通过声音、图像、图形、文字等话语形式，不间断地传达、解释、展现着我们身处其中的世界所发生的事件。在自媒体营造的生活空间中，社会生活的信息筛选、发布工作部分地被转移至此，一些自媒体也以追求社会公共服务为其价值诉求。自媒体模糊了传统的"公"与"私"的概念，在一定意义上可以说自媒体分享了社会权力和部分行政式公权力。

传统大众传媒时代可以称之为"集约式"话语权时代，这样的时代依托一系列正规法令和正式制度，例如代议制度设计下繁琐的政治程序、严格的信息"把关人"制度以及自上而下的信息传播机制等等，这些程

---

① 张燕：《风险社会与网络传播：技术·利益·伦理》，社会科学文献出版社2014年版，第134—135页。

序、制度或机制一方面保证了传播内容的可信度，但另一方面却大大降低了传播的时效、公众的参与度，特别是在政府与民众之间造成了严重的信息不对称。政府对信息流动的内容、渠道和数量单方面地拥有高度的掌控能力和统合能力，这确保了政府话语权的权威性，却无法满足公众的知情权，更无法快速应对突发事件，以实现责任政府的回应性。然而，自媒体的勃兴带来了一个话语权"众声喧哗"的时代，话语的集约性被弥散化所取代。自媒体传播的及时性、交互性和草根性，挑战了传统媒介的权力体系，颠覆了自上而下的传播方式，极大地解放了大众的信息发掘、传播与接受能力，赋予了大众自下而上、多中心、离散型的信息发布和意见表达权利，由此，"全民记者"变成可能，话语表达进入机构传播和个人传播共处的时代。此时，政府的话语整合变得困难，这对政府的治理能力提出了新的挑战，这也意味着政府必须做出适应网络社会的必要转变。

（二）填补"缺场"的空白

网络社会是实体还是虚体（虚拟的空间或虚拟的社会）？在网络社会出现三十多年之后，越来越多的迹象表明，网络社会正在形变为一种实体，只是它具有独特的内容和表现形式，与人们习以为常的实体有所不同，若依然将网络社会视为"虚拟的"，从而判定它是不真实的、不值得认真对待的，那就大错特错了。

只有当"在线"是一种"真实"的实践活动时，它才可能成为人类历史存在和个体现实化实践的特殊形式。查尔斯·艾斯指出，"我们的网上身份和在线交往活动仍然深深植根于我们作为现实共同体之实体成员之身份。"① 网络社会不过是现实社会生活领域因技术的发展而获得的延伸，虚拟社区不过是真实社会的延伸，虚拟生存不过是真实生活的延伸。虚拟生存绝不是对现实生存的超越，而只是一种电子意义上的扩展，是一个由人的符号和观念构造能力创造出来的属人世界。

网络信息空间的迅速扩展，还引起了空间和时间关系的变化。在长达几百年的现代化或工业化过程中，人类社会的时空关系主要表现为"时间改造空间"，即列斐伏尔、哈维等人论述的时空压缩。在现代化或工业化进程中，社会追求的主要目标是发展速度和效率增长，凡是不符合这个原则的空间状态都要得到改变。因此，在现代化或工业化的进程中，各种与这个进程不相符的多样化存在（例如时间缓慢下来的慢空间、没有什么具体功能的礼仪空间等）都面临被改造甚至消灭的厄运，推进时间进程的一致性消除了空间存在的差异性，社会生活的多样性也难免受到破坏。

网络社会的崛起，扭转了现代化或工业化进程中的这个趋向一致的趋势，网络社会促使现代化中的时空关系发生了逆转："空间组织了时间。"卡斯特对此做出了充分的论述，他指出，因为互联网和新媒体技术广泛应用，出现了许多先进服务业的发展、企业经营网络化变迁和新兴工业空间，以及弹性工作和分散化办公等新经济社会现象，而且还导致了"以家庭为中心"的城市空间演化新趋势——都市形式的转化，即正在产生信息化城市和实现了全球连接和地方脱节的"巨型城市"。卡斯特的结论是："新社会的特性，即以知识为基础，围绕着网络而组织，以及部分由流动所构成，因此，信息化城市并非是一种形式，而是一种过程，这个

---

① ［美］查尔斯·艾斯：《全国网络的文化与交流：文化多元性，道德相对主义，以及一种全球伦理的希望》，华明译，载《上海师范大学学报（哲学社会科学版）》2006年第5期，第12页。

过程的特征是流动空间的结构性支配。"①

网络社会对时间、空间的重新定义，使得人类存在方式增加了新的变数，不过，这个变数并非外在的变量或扰动因素，它同时就是网络社会每日发生的实景，是一种实存。构成这种实存的内涵是网络用户真实的时间投入、设定的空间呈现和在网络世界的各种留痕，这些看似碎片化的信息集聚起来进行关联分析就可以做出还原式画像。与现实社会不同的是，这种实存的核心是数字式"比特"，而非物理式"原子"。构成这种实存的外延则横跨"双城"，例如网友可以线下见面；网上资料可以成为现实文件、论文的素材；网上发生可能影响现实社会进程的事件……从这个意义上说，"缺场"虽然比"虚拟"要接近网络社会中的人的实存，但仍然不够，我们主张用"合场"来描述网络社会中的时空场景，网络用户既未背叛或逃离实体社会，也未以遁形、隐身的方式进入网络社会，而是兼容二者，这就是我们在上文提到的"双城"，这个概念或许更真实揭示了网络社会中人的实存，网络用户就是在书写当代世界的"双城记"。

在20世纪90年代至21世纪初网络社会方兴未艾之际，学者们提出了一个词：数字鸿沟，认为互联网的出现方便的只是有条件上网的人，那些无力触网的人则被"信息高速公路"抛下，在人群中产生了网络受益者和网络受害者两个不同"等级"，同样，在社会生活领域则出现了"信息孤岛"，意见领袖们占据了"信息岛"，其他人则被信息的海洋吞噬，特别是穷人、低学历者则迷失、沉溺于信息海洋之底。然而，真实情况并没有如此糟糕。2010年前后3G手机的推出，移动互联网取代电脑终端成为了联网的主要工具，市场竞争带来手机价格和通讯资费的大大降低，例如2012年7月19日，中国互联网络信息中心发布《第30次中国互联网络发

---

① ［美］曼纽尔·卡斯特：《网络社会的崛起》，夏铸九、王志弘等译，社会科学文献出版社2006年版，第373页。

展状况统计报告》，截至2012年6月底，中国网民数量达到5.38亿，手机网民规模达到3.88亿，这之后中国网民增长速度都居世界第一，移动互联网的出现及其快速推广，上述曾经困扰人们的问题迎刃而解。技术是为了解决生活难题而开发出来的，市场竞争也加速了技术对人类需要的迎合，这是技术对人类友好的一面。但我们切不可过于依赖技术，甚至迷信技术，以为一切问题都可以交给更新、更好的技术去解决。必须对技术、研发、应用做出伦理审视，对技术保持足够的警觉，才能防止技术对人类的支配进而造成人类自主性的丧失。

我们总体上持有乐观主义立场，网络社会是一个新事物，它在带来便利、高效的同时，确实也会产生一系列的问题，但不要急于下结论，更不要贸然用行政权力打压，诸多互联网关联主体权力之间的抗衡、公民信息权利的呼求都会逐渐形成"自发的秩序"。我们相信，健康的、值得向往的网络社会应该是一个肯定自由、维护正义的空间。

第三章

现代化进程中的中国社会

"现代化"这一词汇对绝大多数中国人来说具有双重意象：其一是值得向往的新世界，代表着进步、科学的未来世界；其二是遭受西方列强欺凌后被迫开启的事业，它是西方势力（政治集团、市场主体、宗教教派等集合在一起）强加给中国的负担，因此，普通中国人对"现代化"爱恨交加。这一情绪不仅影响到国人理解、接受现代化的态度和方式，也对政府部门及其决策产生了不可忽视的制约。自1840年第一次鸦片战争算起，至今的180多年在中国大地上发生过数次现代化的尝试，启动现代化的主体有官方，如清廷、民国政府等，也有民间的知识界、士大夫阶层，如五四运动、新乡村建设等。从开启现代化的领域和目标设置而言，官方大多选择了"富国强兵"的目标，主要重点是经济发展、军事力量的增强，民间则注意到了建设新文化、启迪民智、创办新式教育、培育新人上，尽管官民之间存在一些分歧，但在很长一段时间内推进现代化是双方的共识。殊为遗憾的是，国内外的战争打断了这些努力，现代化进程一再被迫中断。现代中国始终处于现代化的征途中。不仅如此，20世纪90年代以来，国际形势的巨变和各类价值观的兴起，"现代化"被从令人景仰的神殿拉下受到无情的解构、批判和嘲讽，"现代化是否值得向往"这个问题不再有标准、统一的答案，甚至"现代化是什么"这个问题也变得众说纷纭、莫衷一是。在信息主导、网络为王的今天，有人以为中国可以借助信息技术和网络世界直接跨入"后现代社会"，这种观点受到上述怀疑现代价值之类思潮的追捧，具有极大的迷惑性。本书旗帜鲜明地主张：现代化是任何一个健全的现代国家必须完成的事业，现代化承诺仍是中国这样的发展中国家应当正视并予以兑现的宏伟蓝图，本书基于责任伦理的网络社会之建构是要完成建设现代化国家和网络化世界新秩序构建之现代伦理批判双重任务的。

一、中国现代社会的出现

我们首先解释一下"社会"概念。"社会"一词虽是汉字词，但它的古义与现代义完全不同，今天我们讲的"社会"是对英语society一词的翻译，这无疑是西学东渐的成果之一。古汉语的"社会"有两个含义：其一是春秋社日迎赛土神的集会；其二是由志趣相同者结合而成的团体，可见，古语的"社会"是相对狭小的地域或亲近人群的结合及其举办的活动，所以，国人最初是用"群"来译介society，留日学生带回了"社会"这一译语，1915年之后才开始取代"群"流行开来，"社会"的造语也开始增加，例如社会主义、社会学、社会科学等。这表明中国古代的国家结构、国民在国家结构中的地位、国民间的互动原则等都有着明显区别于现代西方国家的自身特点，这些特点既包含了依附于自身文化传统因而具有地方知识的合理性内容，也有着与时代不合拍、制约了现代化事业的特殊方面，后者将经受现代化的洗礼，完成创造性转型、革新，才能得到延续。从这个意义上说，中国现代社会建设将是一个继往开来、吐故纳新的过程。然而，即便我们在思想原则上已经十分明了应当持有开放、渐变的立场，但是我们仍然并不清楚哪些是不合时宜的，哪些是值得保存的，一切都需要在实践中做出检验。正因为没有人事先准确掌握了上述知识，变革中产生的观点分歧就在所难免，这就需要为不同观点的充分讨论、争鸣提供开放的平台，相应的行动或决策则不妨放慢一些，等待人们看清了问题的全貌、取得了认识上的相对一致之后才是合理可取的，这应当成为所有身处其中的各方之共识。

（一）古代中国社会

从时间轴上看，今日中国无疑处于当下的现代这一时间序列之中，它的过往影响到了它的今日状况，它的今日状况又将极大程度上决定它的未来走向。然而，这样的时间序列之中的"今日中国"只是客观事实，一种不可更改、必须接受的实然性存在，我们关于今日中国的全部哲学思考当然也离不开这一客观事实，但我们又不能止步于此，我们要依据对未来理想社会之设想去理解今日中国，去建构中国现代社会。我们在第一章所提出的有关现代化之哲学思考，为我们思考或者说理论上设计中国现代社会提供了全景式理论框架，我们将据此探讨为着现代化事业、行进在现代化征程之上的现代中国将进行怎样的社会建设这一问题，以社会成员、社会关系、社会结构和社会规则作为重要的关键词，确定我们考察"中国现代社会"的着力点。

从政治属性上看，中国古代的国家属于宗法国家。早在西周立国之初，"兼制天下，立七十一国，姬姓独居五十三人"（《荀子·儒效》），"国"不过是家的扩大，是血缘关系的政治化。战国时期以降，推行了郡县制和官僚制，国家机构和职能开始和君主个人的血缘宗族关系分离，国事与君主私人事务也有了某种分别，合法地参与国家治理的人员除了天子（皇帝）、皇戚，还有臣（吸纳进官僚制的官员）。与此同时，在广大农村实施宗族自治、乡绅自治，"民"置于这样的自治体系之中，又被称为"生民"，他们遭遇的关系主要是血缘关系、姻亲关系、地缘关系，受到的日常约束来自乡规民约、家法族规。臣和民的家是"小家"，君的家是"大家"，为"大家"牺牲"小家"受到了儒家伦理的高度赞赏。在"家"与"国"之间也存在"社会"，不过，这样的"社会"是非常态的，是流动人口、不被主流秩序所接纳的人员集聚的空间，例如各种地方性"会""帮""派""门"，如果吸收人员多、持续时间长，这些"社会"也可以分布在全国各地，但是，正经人家、守法良民都不会加入其中的，这些"社会人员"大多或者是生活出现重大变故为生计所迫不得不加入，或者被正常家族排挤出去，可见，中国古代并没有今日所讲的"社会"。狭义的中国古代社会是脱离正常人群关系的特殊关系类型，广义的中国古代社会泛指官僚制和君臣体系之外的乡村自然人际关系和上述反常人际关系，反常人际关系也部分受到整体文化价值的影响，"盗亦有道"就是一种体现。

总体上说，古代中国社会的社会成员绝大部分处于熟人关系体系之内，家人、族人是主要的日常交往的他人，"社会成员"严格说来只是一个不太恰当的表述，人们实际上处于老子曾经描述的"鸡犬之声相闻，老死不相往来"的境地，原因何在呢？"古代中国由于交通的阻塞，往往如杜甫所说：'明日隔山岳，世事两茫茫'，全国因自然的隔离而形成许多不同的孤立'小社会化'。再就整个社会来说，全国人口由于语言的分殊性加上'交通系统'的断绝，乃是'非动员地'（unmobilized）亦非'融合地'（assimilated）；亦即全国人民是'一盘散沙'而没有'社会的凝结力'，各个'小社会'，有其特殊的价值系统，全国实际尚停留在'区社'的状态，更根本未形成全国性的社会。所谓'舆论'，根本上就没有真实的意义，所以'天视自我民视，天听自我民听也者'，不过是知识分子的民本的'思想'，而没有能'社化'而成为民众的信仰系统，更没有能相应地发展出一套行为模式。"[1]

在传统中国，社会关系存在两个不同的世界，主流的社会关系是血缘关系和扩大的（或者说拟制的）血缘关系，其实就是血亲、姻亲、转折

---

[1] 金耀基：《从传统到现代》，中国人民大学出版社1999年版，第69页。

亲、比附血亲之类的关系，如儒家倡导的"五伦"就是对父子、夫妇、兄弟、君臣、朋友等五种基本人际关系应当如何相处和必须恪尽的义务方面的教导。非主流的社会关系主要是在流动的社会人群或社会空间中，如帮、会、门、组等，它们为以流动为业的人群提供了庇护，建立起不为主流社会认可却同样可以找到同伴心理依赖的相对稳定关系。明清之际，中国人开始下南洋讨生活、被迫去海外做华工或苦力，都是依靠这些关系纽带，借助宗亲会、乡党等关系体系，华人们不仅在异域他乡落户安家，抱团取暖，形成了华人集中居住的"唐人街"。此外，他们至今还可以返乡寻根问祖，即便先祖已经在几百年前移居海外。

正如我们在上文说到的，中国古代的社会结构是以家为单位的，这样的家具有生产、生育、生活、宗教祭祀、军事防御等多种功能，中国古代的家有几个鲜明特点：第一以成年男性为主，女子、孩子只是附属性的存在，不具有独立地位；第二拥有共同的姓氏，族谱明确记载了家族树，成员间可以准确无误地划分血亲关系远近和辈分高低；第三诸子均分制，家产、家业在多个男性继承人之间平均分配，有时会有嫡子与庶子、长子与幼子的差别，但倾向于尽可能采取一视同仁对待的方式；第四家是地方治理的主体，家内成员日常感受到的行为约束来自"家规""家法"。地方政府和皇权都承认它们的管辖权限，普遍的文化理念和整体的伦理价值都是通过"家训"传递给每位家庭成员，家族自办的私塾不仅提供了蒙学教育，也为天下一体观念和地方社会的人文教化做出了贡献。族田的产权属于整个家族，由各个家庭出人出力耕种，收获所得用于举办家族祭祀活动，以备灾荒之时，也可以扶困济难，帮助族内鳏寡孤独。

社会规则通常可以为人们的行为提供指引，给出了对错的标准，从而提供了社会的基本秩序，社会成员可以据此对他人做出合理预期，也可以据此调整自己的行为。因此，具有稳定社会规则的传统社会也较少出现剧烈波动、发生变迁，人们通常可以沿袭来自父辈的教诲或者直接模仿成年人的行为，因为"定位在某一时空情境里的重复性活动，会在多少有些'遥远'的时空情境中产生常规化的后果，而这并不在参与那些活动的人意图之中。"① 社会成员从明确且随处可见的社会规则中找到了社会交往和相互依赖的根据。中国古代社会在此方面的表现尤其令人惊叹：一方面是社会规则的内容之绵密细致、之繁杂全面，几乎未有出其右者，例如"威仪三百礼仪三千"，《三字经》《百家姓》《千字文》之类的蒙学教材，《说文解字》之类的工具书，以教导儒家义理为主的大学经典（简约者如四书五经，繁难者如十三经）。通过私塾、义学、县学、府学、国学等教育机构推广开来，此外，还借助官员的行政、判案、征税等活动（"政者，正也"，正己以正人）加以推行。立牌坊、封谥号、举孝廉、荫庇子孙等奖励措施也起到了很好的正向激励的作用。

上述四个方面中最核心的是社会规则。社会规则泛指在社会中被感知到并被不同程度接受的观念，这样的观念既有抽象的方面，也有具体的方面；既有适用于小范围的，还有被绝大多数社会成员广泛认可的；既有明确、正式成文的内容，也有默会、隐晦的内容。笔者在此特别强调，之所以将"社会规则"归结为一种观念，而非通常理解的"要求""规范""制度"，主要原因在于"观念"才是支配人们行动的动力因，有了特定观念才会实施与此观念一致的行为，即便有特定要求（规范、制度），哪怕是禁止性的、带有惩罚性后果，人们未必会按照要求而行，有时只是阳奉阴违、表里不一。另外，观念不是来自无生命的行政机关或其他各类社会组织，相反，它只能出于有思维能力、有自主意识的具体社会成员，这就意味着社会规则或者说"合乎规则的行为"的判断并非只是单

---

① ［英］安东尼·吉登斯：《社会的构成——结构化理论纲要》，李康、李猛译，中国人民大学出版社2016年版，第12页。

纯的自上而下由政府部门或权威机构颁布，而是分散在社会成员、社会关系、社会结构之中，正是社会成员的有机互动、自主表达才会有应当如何、是否合理之类观念的产生、传播和接受。现代社会更是如此。现代社会盛行的观念不仅有别于传统农业社会，而且又因各国自身开启现代化路径差异而有各国的不同，日本哲学家和辻哲郎将之称为"风土"，这与法国启蒙思想家孟德斯鸠的"环境决定论"有异曲同工之妙。中国社会将要完成的现代化事业一定是中国人自己的探索，是中国现代化追求的定在。

依此而言，中国现代社会的出现同样也是观念在先，有了对现代社会的向往，引导人们改革旧社会、建设新社会，现代社会才会在中国逐步落地。首先捕捉到现代观念的中国人是清末开风气之先的开明士大夫，包括林则徐、张之洞、严复、郑观应、曾纪泽、郭嵩焘等人，无论是"中体西用说"，还是"物竞天择说"，或者"师夷长技以制夷"，对当时的中国来说无异于石破天惊，都具有革命性，他们尝试理解与西方共处世界的新秩序，探索中国社会革新图强的可能路径，正是有了这些新观念才有了一系列迈向现代社会的行动，洋务运动、戊戌变法、辛亥革命、新文化运动、新生活运动等等，无不是这些观念的现实化努力。卢梭曾形象地将思想启蒙比喻为"墨水瓶里的革命"，包含新思想的论著一经公开发表，被传阅、讨论、评述后就会冲击人们脑中的旧观念，一些接受了新观念的人信以为真并付诸实践，就有了切实改变现实之行动。理论的创新、思想的革命是中国现代化的先导。

（二）现代社会在中国的曲折发展

"中国现代社会"具有中国特性，但这样的特性只有在满足、符合现代社会这一普遍性前提下才具有逻辑合理性。即便在时间上置身现代时期，未必就自动成为"现代社会"，"成为现代的社会"，这是依靠今天的努力才能达成的明天的结果。

现代社会由其成员构成，现代社会中的"社会成员"究竟指怎样的人？不同理论学说做出了各自有别的解读。自由主义眼中看到的社会成员只是个体，个体的自愿组合形成了规模不等、功能各异的"社会组织"；社群主义认为，只有进入各种社群、团体之中的人才是现实的社会成员，社会成员最主要的活动场所是地方共同体、家庭、邻里互助会等基层社群。在这两个极端的主张之间还有无数不同且相对温和的观点，它们通常不那么极端拥护个人本位或者社会本位，而是赞成折中路线。我们认为，作为现代社会主体的社会成员，就政治属性和经济地位而言，主要是独立的个体，对应的是受到法律保障的公民权利；就社会成员间的关联性质而言，主要是自愿、互助的个体间的有机关系，对应的是人的社会性和人际间的契约关系；就构成国家权力的出处和目的而言，毫无疑问，社会成员是现代社会的主体，国家权力是公器，用于谋取社会成员最大公约数的福利，"主权在民"不仅解释了国家权力的合法性问题，也重申了每个社会成员不可替代的优先地位、不可忽视的主体价值。

与古代社会的重要区别在于，现代社会的人际关系具有完全不同的性质，它们的缔结不是依靠自然的血缘、地缘自动达成，而是建立起了各种社会结构。吉登斯指出，"'社会'具有双重意涵，一是指有具体界限的系统，一是指一般性的社会交往。"[①] 功能主义和自然主义都主张社会是明确限定的实体，因此，社会系统就是内在高度整合的统一体，但吉登斯明确反对这样的观点，认为这是将社会不恰当地类别为生物体，他用"跨社会系统"（intersocietal systems）和"时空边缘"（time-space edges）两个术语强调社会的区域化和变迁性，而非统一、整体、稳定的社会系统，

---

① ［英］安东尼·吉登斯：《社会的构成——结构化理论纲要》，李康、李猛译，中国人民大学出版社2016年版，第14页。

在吉登斯看来，任何现实的"社会"都呈现为不同的具体且局部的微观系统之间的互动，他不仅抛弃了静态的社会立场，也提出应当"特别警惕进化论"，不过，他的思想并不总是前后一致，因为他自己给出的三种主要社会类型（依据结构性原则而做出的区分）——部落文化、阶级分化社会以及伴随工业资本主义的兴起而产生的现代民族国家——似乎也存在明确的边界、位阶的差别。我们认为，现代社会的结构不是单一的，而是立体、多层次的，此外，社会成员并不同时只被一种社会结构所引领，这也意味着现代社会的成员间所达成的关系是变动的、跨越多种社会区隔的。不过，社会成员经常感受到的仍然是日常生活世界中的小规模、相对简单的社会组织。"就与社会成员的关系而言，越是简单的社会组织，就越是社会成员经常接触和感受到的，家庭就比同好小组，社区就比职业团体，社团组织就比行政机构更容易被普通社会成员感知到。"①

新中国成立后，并没有停止建设现代社会的努力，只是建国初期的国家主要领导人借镜苏联社会主义模式对现代社会的理解采取了十分特殊且单一的模式，即国家直接勾连每个具体国民，原有社会结构被打破，重新建立的是全部归属在国家机构内、拥有不同级别的部门或单位，这些部门或单位分别承担起国民生产、生活的全部需要，换句话说，国家对社会的政策基本上是大包大揽，国家职能完全覆盖，"社会"被遮蔽，以至于最终萎缩至零，形成国家直接统领全体社会成员的格局。这一格局造成了许多严重的问题：行政机构过于庞大臃肿；因为缺少中间地带，国民的任何事务都被纳入国家领域之中，一旦解决不好，就极易演变成国民与国家的对抗，国家处于高度的危险境地；民众的社会参与渠道过少，导致民众的社会参与度低，社会效能感极低等等。在21世纪的今天，利用网络社会提

---

① 李萍等：《现代社会管理的伦理分析》，中国政法大学出版社2012年版，第17页。

供的技术条件、合理划分国家与社会的边界、确认现代性在当代中国社会发展中的权重，在国家层面的价值观中引入现代价值并设置落实的渠道，这对我们来说是一个新的机遇。为此，需要全面地审视"社会"，将社会摆在恰当的位置，并承认它与国家不同且相对独立的重要性。国家要从意识形态控制者的角色转变为社会生活的组织者、社会利益的协调者和社会矛盾的化解者等更加中立、多样的角色，总之，国家职能的转变所腾挪出的部分空间正是现代社会得以生长的领地。

我们必须清醒地承认，现代社会的社会关系有着与传统中国的古代社会完全不同的依据，前者是跟无数陌生人缔结各种关系，因此，现代社会的社会关系具有非人格性，在一个特定的组织内或者一种特定的关系中，我与他的关系与我与你的关系完全一样，不带感情偏向，排除在个人价值偏好之外，例如工厂中的同事关系、商场中的顾客与店员的关系、公共交通中的乘客与驾驶员的关系，等等，这些关系的缔结和维持都以通行的现代社会规则为前提，当事人的自主意愿被悬置，关系中的双方都可以随时被他人替换，甲乘客与驾驶员的关系、乙乘客与驾驶员的关系，或者A驾驶员与乘客的关系、B驾驶员与乘客的关系都是一视同仁、无一例外的。传统社会关系是靠血缘亲情、人伦常理来维系，关系是终身单一的，故传统社会又被称为熟人社会。然而，维持现代社会关系，靠的是明示规则，如法律、合同、系统规则、利益机制等，因为现代社会人际关系是在大规模的陌生人之间进行的，心理情感、道德观念或地方习俗等都无法提供持久且有力的支撑。

现代社会在中国的曲折过程，一方面受到了战争和政治运动的冲击，另一方面也许更为重要的是，很长一段时间我们对现代社会的认识存在严重的偏差，对建设现代社会过程中发展自身传统与借鉴西方的关系未能做出合理的辨析，经常陷入二极对立的简单化思维困境，或者全盘复古，拒斥任何西方的合理成分，或者全部推倒重来，在"白纸"上画出新蓝图。其实，"任何传统都有'活'的部分与'死'的部分。对于现代具有生命力的传统不是指存在于过去的、考古遗迹中或博物馆内的僵化传统，而是在学术中、实践中以思想、信念、规范和生活内容等方式延续下来并经过当代人重新解释和论证的活传统，是与现代息息相关的不断发展变化的传统。"[1] 我们不仅要有发展的眼光，吸收一切合理的外来文明成果，同时也要有历史主义的立场，全面理解自身的文明传统，对自身的历史文化遗产做出创造式转换，使之构成地方性知识，为变动的现代社会构建过程提供可资信任的心理纽带和共同文化背景，这样，迎应现代化的当代中国社会的建设通过不断将现代化的渐进成果予以确认和累积，最终有力推动总体的现代化事业发展。

二、中国人的生活世界及其现代转型

生活世界是每个人成长其间的世界，它不仅为个体提供了社会化的场所，由此带来了个体间的亲密关系和心理纽带，而且为地方社会提供了礼俗传统和共同体。生活世界也存在前现代和现代的差别。中国传统社会营造的生活世界属于前现代类型，其核心表现是未能严格区分开自然（秩序或规则）与社会（秩序或规则），从而也没有在制度设置上划分出公域与私域。就金字塔尖的皇权而言，皇室的一家之利与国家之利是混为一谈的，皇权不受任何约束，完全是法外的无限统治。而现代"政治统治

---

[1] 姚新中：《传统与现代化的再思考》，载《北京大学学报》2015年第3期，第53页。

首先是义务和职分。如果它不承担其义务，超出了职分，那它就丧失了正当性，就变质为单纯的暴力。"[①] 从金字塔的最底层来看，黎民百姓只是"生民""草民"而已，完全处于自然而然的自由、自性之中，横向的、客观的社会交往较少，除了基于血缘和地缘的宗亲、家族、乡党、里人之间的有限往来，鲜少与陌生人见面、交涉。

（一）传统中国人的生活世界

"伦理"在中国传统文化中指"人伦之理"，即正确处理具有重要意义的人际关系，其核心是五伦：君臣之义、父子之亲、夫妇之礼、兄弟之悌、朋友之信，五伦将人的存在之自然性（血缘、姻亲、地缘）和社会性（交往、互动、合作）无障碍地关联起来，其明显的优势是"能近取譬"，由己身推到他人，由此事延及彼事，但劣势则在于这样的伦理只能在熟人社会或知根知底的礼俗世界通行，因为你我相似、相近，所以同心同德。在人数较少、范围较小、进退较繁的群体内，如村民小组、小店铺也可以奉行此套伦理，在高度流动的人群中，如车站、公园、广场等，这样的伦理就会遇到瓶颈。

从根源上说，中国古代的"伦理"和"政治"具有相同的起源，它们都分化自"礼"的原始观念。"礼"最初不过是指饮食所用的器具，以后指称习惯化了的仪式、祭祀活动，再以后又对这些仪式、祭祀赋了了象征意义，后来还从这些象征意义中抽象出普遍的观念。对这些观念分别加上不同的延伸义和具有规范性的指导，于是，一些观念就先后成为了应当做的行为（伦理的德目）、必须做的行为（政治的策略）、不做或做了就要受到惩戒的行为（刑律的条目）等。作为仪式的祭祀活动，"礼"原本是

① ［日］丸山真男：《日本政治思想史研究》，王中江译，生活·读书·新知三联书店2000年版，第190页。

由各个家庭举行的，主要内容是祭祖，辅之以祭天，因此，由"礼"分化出来的伦理德目也首先且主要与家庭伦理相关。这些家庭伦理又如何转化为社会伦理或国家伦理的呢？在古代中国，这个不难，因为实行家国同构的政治结构，天子的家即是君之国，家庭伦理就可以无障碍地直接类推到国家事务之中。①

梁漱溟先生曾在20世纪初从跨文化比较的视角描述了中国文化的基本精神及其影响下的中国人的品性，他将西方定性为注重实利、实物的，从而有了资本主义经济的发展和殖民贸易的攻城略地，印度则以印度教、佛教为代表，表现为出世、脱俗的纯粹精神满足；与此相对，他将中国传统社会界定为"伦理社会"，伦理社会关心的是现实生活、个体生命，以伦理价值为主要的意义根据和判别是非的标准。这一观点肯定中国在迈向现代化之际可以活用自身的伦理价值体系，营造出具有民族特性的新文化体系，不过，这一观点包含了一个明显的缺陷，它实际主张西方现代社会和资本主义主导的社会是"非伦理的"，这一论断或假设显然是站不住脚的。尽管西方现代社会和资本主义主导的社会在社会伦理观念上有别于中国（传统社会），但它也有自身的伦理体系。这样的"中西比较"在20世纪上半叶曾经十分盛行，许多思想家都得出了类似的结论。这其实反映了不少近代初期中国思想家未能严格区分前现代与现代之别，有时简单地将古今之别等同于中西差异，混淆了古今、中西二者的不同。若将比较的对象都放置于同样的历史环境下，例如西方的农业文明、西方的前工业文明，将它们与中国农业社会进行比较，就会发现，相似处远远大于相异点。由于今日中国与现代西方共处同一时间维度，许多人就完全忽视了社会发展进程或者说文明演进阶段上的区别，基于这样的"时代错置"而得

① 李萍：《近代中国"伦理"概念的再形成》，载《上海师范大学学报（哲学社会科学版）》2012年第5期，第22页。

出的结论都是经不起推敲的。

从与现代社会相对比以及中文古典文献资料梳理两个层面出发，我们将中国传统生活世界的总体特征概括为如下三个方面。

第一，注重日用人伦，既关心个体的自然生命，又在意家族、宗族共同体。中国传统生活世界既有私人领域的方面，又有公共领域的方面，但二者交织共在，难以截然二分。孔子曾言"行有余力则以学文"，学习从而在知识和境界上提高自己，是要在完成了日常生活世界种种义务、责任之后，孔子不仅不赞成死读书、唯书本至上，更不赞成以读书为借口逃避对家庭、对他人的义务或责任。宋明时期的思想家提出的"知行关系"问题，也是力图消除割裂二者甚至将二者对立的做法，无论是理学家从格物出发，还是心学家从致良知出发，他们共同的目的都是"致知""达理"，实现知行合一。

第二，在全体社会成员中分布和传播了近似的人生价值、社会秩序等共同意识。由于身份等级制将社会成员分属于不同的社会层级，也受到了各自隔开来的社会理念指导，例如"礼不下庶人，刑不上大夫"，就很真实地反映了这一点，但由于乡绅、员外、童生、致仕返乡者的存在，他们占领了地方社会的思想高地，他们不断向当地社会输入统一的价值观，加之儒学重视教化、德治的施政主张，生民、草民也可能获得开蒙、启迪的机会，"位卑未敢忘忧国"，中国传统生活世界虽以文化建设为主，但儒家是集文化（以文化之）、政治（仁政）于一体，包含了意识形态和文化建设双重目标，例如内圣外王思想对士大夫的影响，修身齐家对普通百姓的影响，这些都使得中国传统生活世界包含了学统、道统、政统的一致性追求与现实的对立之二者间的紧张关系。需要指出的是，为中国传统生活世界提供精神营养的不只是儒家，还有道家、法家，以及自外传入并被中国化的佛教，它们从不同方面为传统中国人提供了异质的思想观念，丰富了中国人的生活世界，使得传统中国人的生活意义理解和人生使命的设定具有多重目标和多样内容，这也使中国文化并不缺乏向外汲取、兼容并蓄的开放性。

第三，闭环式结构的生活世界，这主要表现在文化上的高度自主、经济上的高度自足和政治上的高度自信，这些都导致中国传统社会成为完整且自成一体的独特存在，以至到了19世纪西方打开国门，要求通商时，泱泱中国竟然不需要进口任何洋货！这种自给自足、自得自满并非只是精神上的麻痹、思想上的沉沦，其实，中国传统的生活世界，特别是在基层空间，确实在相当程度上做到了有余以应灾年、行工商以补农耕，中国古代并没有严格的职业划分，文人尚可"渔樵耕读"做到"万事不求人"，一般的民众忙时务农、闲时经商，做点小买卖，学个手工艺补贴家用都是极其正常不过的事情。传统中国家庭就是一个功能齐全的小型地方社会，这样的家庭所在的村落、乡镇自然地有了烟火气和勃勃生机。

正像其他所有保存至今的文明一样，中华传统文明及其中展开的国民生活世界有其自身的合理性，它们的绵延传承也证明了它们的历史正当性，如果不是西方叩门开国、不是开启现代化征程，中华传统文明未尝不会自续、自存。然而，历史不可假设，既然走上了不得不现代化的道路，我们就不能犹豫、彷徨，更不可留恋过去、停留在往昔的荣光中，我们既要拿来主义、开放眼界，虚心向走在现代化前列的各国学习，还要革故鼎新，对自身的历史文化做出改良，向民众的生活世界融入具有现代意义、符合现代精神的元素，使之焕发生机，成为当代中国现代化事业再出发的活水源头。

（二）现代中国人的生活世界

从与现代性的关联程度出发，我们将现代生活世界内的全部要素区分出三个层面：（1）区别于出世追求，它属于入世关怀，以现世为主，现代生活世界关注的是人的生命延续和日常生活事件；（2）区别于私人领域，它属于公共领域，现代生活世界关注人与人的相处，交往、语言、规则在生活世界中占据了较大权重，这一层面的生活世界又可以称为礼俗世界；（3）区别于意识形态，它属于文化领域，前者以国家权力机关的公共意志为主，体现了国家主权及其核心政治主张；后者以民间、非政府组织为主，借助利益交换（市场）、协商合作（非政府组织）、习俗惯例（文化传统）等机制维系彼此间的关系，再现生活价值、营造生活共同体等。上述三个方面的每一个方面都各有侧重，无法合并，三者的叠加、互动构成了现代社会中生活世界的完整、立体画卷。现代国家的生活世界尽管有自身的特点，但主体内容都是相近或相似的，不过，前现代社会与现代社会在生活世界的具体内容上都存在极大的差别，我们在上文谈到了中国传统社会的生活世界的主要特点，接着我们将讨论现代中国生活世界的现代转型之任务和可能走向。

如果说中国的传统思想学说、政治制度需要而且可以进行革命式根本转变，那么，中国的传统生活世界向现代生活世界的转型大概只能采取渐进、改良的方式，即以民众或普通国民为主体，国家的角色是协作者，它依据政治制度所倡导的核心价值设立基本的制度体系（包括政治参与、经济交换、义务教育、婚姻家庭等各个方面）并推动、监督这些制度体系的执行，对违反者予以惩处，那些国民可以自理的事项、国民间可以协商完成的事业、生活世界可以解决的问题都交给国民。拥有自治空间的生活世界将逐渐生长出新的观念以及相应的新社会规划，这些新观念或规划受到国家层面基本的现代制度的制约，将明显有别于传统社会，同时又由于它是由国民在日常生活中自发参与或习得的，对于普通社会成员而言，不仅印象深刻，心服口服，而且也将促成国民在其间获得心智成长，完成社会化。不仅如此，上述生活世界所培育的信任、合作又可能直接构成国家的社会资本，既有的存量和不断生成的增量都将使得社会资本在数量、性质上保持高水平，从而推动形成国家与社会、国家与国民之间的良性互动关系。

我们应当清醒地看到，社会本身一直具有自身的演变逻辑和自组织形式，即便受到压抑也会以扭曲、半地下的方式表现出来，现代国家必须充分认识到"社会"的先在性，国家权力机关或行政机构都应在法律授权的范围内行使权力，并在一定程度上尊重"社会"自身的规则和惯例。历史上激进的政治主张，以国家取代社会、消灭社会的做法一再被证明是不成功的，而且带来了非常严重的负面遗产。当然，生活世界的演变也会存在诸多纷争，甚至剧烈的冲突。"人类学者告诉我们，没有一个社会会不经抗拒而放弃传统的文化，而传统文化在新来文化的冲击下，亦必经过一种急剧的变化。而在一个社会的'现代化过程'中，一些传统文化中的'物质性'的东西（如技术）总比'非物质性'的东西（如价值）淘汰得快，一些'较少圣化'、较少情绪性的东西（如器物制度）总比'较多圣化'、较多情绪性的东西（如家属关系、宗教信仰、声威系统）放弃得快，一些'非符号性'的质素（如生产方式）总比'符号性的'质素（如政治迷思）转变得快。"[①] 重要的是，我们必须看到上述抵抗都是现代化的伴生现象，只要我们认定了现代化的理念，坚守了普遍的现代价值，就要对民众的适应过程、传统文化的自我革新之后果给予宽容的理解。

在此方面，美国学者米戴尔（Migdal）提出的"国家镶嵌在社会中"（state-in-society）的观点值得借鉴。他认为，国家与社会组织的关系既不是"国家中心"，也不是"社团组织中心"，而是国家权力和社团力量相互交织和作用，其间充满了冲突与妥协，从中产生出一个不断变化的国家——社会团体之关系，即二者在平等的较量中各取所需，为公众提供

---

① 金耀基：《从传统到现代》，中国人民大学出版社1999年版，第107页。

不同层次的产出内容，最终整个社会呈现多元、互动、可控的利益交涉的状态，这样的国家不仅在政治上更加稳定，也将带来经济上的持久活力，使得社会发展一直处于正向进程之中。今日中国的生活世界现代转型是否成功，决定性因素是国家，国家对自身职能的定位和对社会、国民生活关系的重视程度将直接导致所达成的现代生活世界的结构形态，为此，国家应当对现有的民间社团的监管体系作出重大改革，改革的原则是放松管制与重新管制相结合：一方面要在民间社团的成立和日常运作上放松管制，即降低准入门槛，去除歧视性规定，同时不插手民间社团内部的日常事务；另一方面在维持民间社团的公益性上重新强化管制，对部分民间社团背离或危害公共利益的行为予以制止，这种新的监管的平衡基点在于保证适度的自主性社团空间（associational space）的存在。上述改革都要借助成文法，在法律授权内行使行政权力，推动民间社团的有序良性发展，唯有此，生活世界的现代转型才是可期的。[①]

　　生活世界的转型，这个问题很长一段时间是被严重忽视了，人们通常假设生活世界附属于政治世界、经济世界，只要它们改变了，生活世界就会自动发生改变，但其实不然，从历史上看，现代化原发地的西方多国恰恰是有了生活世界的变革以及相应力量的积累才最后推动了总体社会的改变。有学者指出，"现代科学虽然从伽利略、牛顿开始出现于17世纪，而工业革命发生于18世纪中叶，然而根据若干经济史学家的研究，自从英国工业革命直到19世纪前半，经济成长所依赖的技术，都是工匠的巧手慧心，经验累积，而非科学研究的成果，19世纪下半以来，始为以科学研究为基础的技术，即所谓science-based technology。"[②] 现代西方文明在受科

① 李萍：《从社会管理创新看民间社团的开放》，载《桂海论丛》2013年第5期，第75–76页。

② 孙震：《儒家思想的现代使命：永续发展的智慧》，台大出版中心2016年版，第25页。

学推动之前得相当时期内都是以工商业领域中的日常经验累积、工艺技术改进为主导的，正是无数普通工匠受到天职观念或者商业利益或者家族荣誉等的影响全身心投入工作，做出点滴的革新改良，不仅为工业革命提供了基础，也为现代新科学的出现创造了前提。无数普通工匠的日常劳作及其成果，正是迈向工业革命前夜的西方人真实的生活世界，这样的生活世界孕育了现代文明。

在当代中国，生活世界的现代转型之所以迟迟未达成，不仅因为中国早期现代化事业的领袖们忽视了它的重要性，从而未给予足够的重视，另一个根本的原因在于，中国传统生活世界的自满自足留下了某些难以克服的负面遗产。"中国的现代化害于两种心理。一种是民族的'优越意结'与'中国中心的困局'所造成的自卫反抗。另一种是'自卑意结'与'盲目的崇新主义'所造成的虚无感。前者表现出来的是对西方文化有意识与潜意识的抗斥；后者表现出来的是对中国文化有意识和潜意识的排拒。"① 我们在今天倡导生活世界的转型必须对此问题持有充分的警醒，既要看到传统与现代的张力，又要承认某些传统可以成为现代生活世界的生长点或培养基，对这样的生活世界的特定内容做出现代阐释是我们首先要正视并回答的问题。

三、中国文化的传统主题及其现代命运

中国古代国家的基本政治理念是"天下"，"三代"成为了理想的

---

① 金耀基：《从传统到现代》，中国人民大学出版社1999年版，第140页。

政治体制，由此形塑的中国传统文化也以普适主题为基调，包括德治、任贤、举孝廉等，这些内容即使在儒释道合流之后形成的中华传统思想体系中都可以得到合理解释，由此，一直成为千百年来始终信守不疑的文化精神。然而，近代的中西交锋受阻导致中国传统文化及其基本精神受到了一小部分"开眼看世界"者的质疑，这些人大力推动西学东渐，越来越多的国人认识到：中国传统文化有其局限和不足，特别是难以成功应对市场竞争、民主政治和城市生活等现代化的挑战，中国传统文化要想原貌延续已经不再可能，可行的是适时适度地做出调整或转换。新的问题出现了：哪些内容要放弃、哪些内容不可保留？可以保留的部分以什么方式呈现出来？引入的异域成分究竟是对传统文化无可挽回的破坏还是提供了发展的新契机？这些问题仍然是开放性的，需要我们做出有力的回答。

（一）中国文化的传统主题

"中国文化"是一个复合词，不仅在历史上包含了不断融入、吸收的新内容，而且它的呈现方式、价值归属和思想倾向都有着多样且不一致，甚至相互冲突的方面，任何一种过于简单的概括都将挂一漏万，得出与实际完全不符的结论。因此，为了讨论的方便，我们需要限定一下讨论对象的范围，我们在此仅仅从儒家出发，将"中国文化"理解为儒家的思想体系以及它影响下的中国历史上的传统文化。在具体时间上划定在1911年清朝统治结束、帝制灭亡这一事件，这样，"中国文化的传统主题"大抵就可以理解为先秦至清末期间传统儒家在文化建设上的一贯主张，具体表现为如下三个方面：文化建设的主体是君子；文化建设的目标是成圣；文化建设的方式是知行合一。

在古代中国，文化建设的主体是君子，包括文人、士大夫、乡绅等，他们不仅掌握了书写技能，能够识文断字，从而拥有话语权，大传统就是由他们建构并传承的，此外，他们成为了皇权统治与民众日常生活之间的中介桥梁，向上反映民众疾苦，向下传达官方意志，同时用天道、仁义等学说劝诫、约束皇帝，为帝王师；用纲常名教开化、启迪百姓，引领地方风俗。君子应有这样的文化自觉，这被视为君子的天然使命、当然之责。文化建设的目标是成圣，圣者如尧舜孔孟，"涂之人可以为禹"（《荀子·性恶》）的主张，提供了成圣的先天平等资质，但成圣的路途依然漫漫，可以说是终身的、永无止境的，因此，传统中国的文化建设目标不仅是艰巨的，更是难以测量和清楚界定的，结果，就会导致两个意料之外却现实发生的后果：一个是苦行、禁欲式的主张，通过减灭情感，克服欲望的诱惑，宋代理学家程子提出的"饿死事小失节事大"就走的是这个路径；另一个是崇古的主张，"尊者为上""死者为大"，曾经的历史人物才可进入圣人的殿堂。然而，知行合一的方式又在相当程度上修正了上述偏差，关于文化的知识与符合文化的行为要保持一致，更重要的是，它主张知行合一是从可能的身边小事、现实的日用人伦入手，这就使得传统的文化建设可以进入寻常百姓家，在偏远山村，不识字的老妪童子皆可接受教化习染而成为向往文化、践行文化的有教养的文明人。中国传统文化由此扎根下来，跨越地区、时代和种族的差异，成为共同分享的记忆、信念和价值。

在儒家看来，"文化"首先是一个动词，表示的是一种人为努力，用人的理性和文化精神去消除人的野性，提升人伦世界的文明程度，即"以文化之"。这就设定了"文"与"野"的对立，"文"的世界是开化、精神自由，从而是道德上值得向往的；而"野"的世界则是落后、受欲望束缚，应当被改造或抛弃掉。文野之别既体现在个体人之间，因修养、自省程度的不同个体之间就有了云泥之差；也体现在国与国之间，一些民族不习文字、不守伦常，身处"化外之地"，这些人所建的国都属于"蛮夷之邦"；还体现在政治体制上，儒家为此确定了文明政体的"标准"，即德治，用以德配天来解释最高权力的合法性依据，用仁政思想来有限地约束最高权力拥有者。

作为名词的"文化"就是上述儒家全部学说的现实化，中国古代儒家给出的文化建设之主题是政教合一、天人合一，可见，近代以后，特别是西学东渐之后，出现的事实与价值的分离、自然与社会的分界、公域与私域的区分等等，在儒家思想中都难觅踪迹。"儒家思想的基本性格是人文精神，一切经典与价值活动可说都是根源或环绕于人文思想的，君子是人文精神的实际代表。而人文精神则是一全幅的展现，而不能落于一技一艺的，故君子必然是一通儒（一物之不知，儒者之耻），而不是一专才，因一为专才，便无足观了。孔子所谓'君子不器'，意殆在此而不再彼。韦伯指出中国之教育，非为训练专才或激励英雄性格，而在养成娴于古典之文化人。文化人之基本性格：他不是一个工具，亦即他本身是一目的，而非手段，故赖伐生（J.R.Levenson）说儒家文化中一个最显著的价值观念是'反职业主义'，孔子教育乃一'反职业的经典主义'，确是的论。"①

传统儒家的文化建设千百年成效如何呢？孙中山在发动推翻帝制的革命时经常受挫，他曾感叹：中华人数虽多，却如一盘散沙，无法形成一致对外的强大力量。蔡元培也曾指出，中国人面对他人的凌辱，只会"让之"，缺少阳刚之气，作为国民政府的教育部部长，他倡导在学校中推行"军国民教育"。显然，孙中山和蔡元培是不满意传统儒家文化建设留下的遗产的。这就不难理解为什么清末的西化运动首先是对儒家文化做出的猛烈批判了。

---

① 金耀基：《从传统到现代》，中国人民大学出版社1999年版，第13页。

经历了戊戌变法失败的梁启超是一位相当清醒的思想家，他既开眼看世界，努力引入合理且有益于中国社会的观念，又尝试从老树开出新枝，对中国传统思想做出扬弃。梁启超相信"民为政"已经是世界潮流，他设想通过"备君权"、到"兴绅权"、最后到"开民权"，逐步实现"人人有自主之权"。为了证明中国自身文化也可以接续始自西方的现代文明，梁启超将孟子的"民为贵，君为轻"的思想做出新阐发，并将孟子开启的思想概括为"民本"思想，这开启了重新并正面地理解传统儒学遗产的先河。梁启超明确主张，"民本"思想不仅构成了中国儒家思想的重要一支，也可以直接对接现代民主思想。遗憾的是，历史并未选择梁启超设计的道路，但他的本土现代化的思路是值得肯定的，因为"从文化意义上讲，民族自我定义的重要依据往往来自于历史记忆，通过民间教育或日常交往等传递和延续该民族所倡导的各种具有抽象意义的观念或价值。语言、文字、图腾等象征符号及意义层面累积的民族记忆，在族群内部传承，引起成员对民族历史的想象和共鸣，培养出民族意识和认同感。族群成员的心理认同逐渐取代了民族的血缘联系和物理边界。"①

在接受外来文化上，中国并非毫无经验，早在东汉时期，佛教自西域传入中原，开始在中国传播，中国人在译介佛经时提出了"格义"法，即用中国已有的思想或者中国人熟悉的概念词汇来对译外来的思想或词语，当时主要是用道教的词汇来译介佛经，"格义"不仅加速了佛经的翻译速度，无意中也达到了佛教中国化的效果，佛教得以在民间获得了较高的可理解性和可接受度。在20世纪初的新文化运动中，出现了"反向格义"，即用包含了西方思想文化的术语来解释中国传统思想，梁启超的"民本"概念就是这样的突出代表，他将"民主"理解成"为民做

---

① 李萍等：《现代社会管理的伦理分析》，中国政法大学出版社2012年版，第324页。

主"，"民的利益有所保障"，那么，传统中国不仅是"民本"的，而且也与"民主"不相悖。孙中山曾将"共和国"这一现代政制类比为中国古代的"周召共和"，因此，他说"共和者，我国治世之神髓，先哲之遗业也。"① "反向格义"减少了西方文化输入的阻力，但也潜藏着对西方文化的误读风险。

（二）中国传统文化的现代命运

19世纪40年代的鸦片战争失利，促使极少数士大夫警醒，但许多官宦仍然沉浸在"天朝"的梦幻之中，将鸦片战争失利的后果轻描淡写，部分开风气之先的士大夫一方面痛惜清廷的无能，另一方面又不得不与顽固守旧派妥协，他们最初提出变革的理由是"保种保教"，西方的入侵已经威胁到了中华文明的独立、完整传承，纲常名教将不复延续；割让领土和巨额赔偿，造成了生灵涂炭、民不聊生，中华民族的生息、存活也将难以为继。这其实就是看到了民生的经济独立与文化的价值传承是相辅相成、缺一不可的，这也成为了之后"中体西用"说的思想基础。尽管中体西用说存在种种不足，但在分别文化精神与器物日用之不同，并尝试用文化精神的统一引领器物日用的革新之意义上说，还是做出了可贵的探索，为我们今日的思考提供了借鉴。20世纪70年代末中国重新开启的现代化进程，需要再次检视中国传统义化的现代命运，只有处理好中国传统文化与现代化，特别是其中的文化—价值与现代化的关系，才能促成健康的中国现代化事业。这是一个永无止境的过程，我们每一代中国人都要依据所处时代的主题做出各自的思考。网络社会也不例外，它没有终结现代化，而是推动了现代化，同时也为现代化增添了变数。

---

① 魏新柏选编：《孙中山著作选编》（上），中华书局2011年版，第73页。

人们并不总是理性地对待自身的历史文化传统。在清末西学东渐的过程中，对封建帝制的痛恨，许多激进人士提出全面抛弃支撑千百年来百姓无权地位的儒家政治学说，风云际会的大变革时代，主张万民平等的激进共和主义学说和为下层民众提供革命武器的马克思主义主张成为了当时的显学，引起相当多的知识界人士的思想共鸣。

应当承认，20世纪上半叶正是中国思想界最为活跃、最为多元的时期，对中国传统文化的不同态度直接影响人们如何设计未来中国社会何去何从的道路，这些不同流派及其代表人物所给出的现代中国文化建设方案差别很大，可以说是天壤之别，相互之间甚至无法兼容。

"早期现代化理念过于强调个体权利、理性批判，乐观地强调科技革命、城市化、教育水平的提高导致生产方式、生活方式、思维方式的全面改变，其对工具理性的过高期待，对于普遍性的绝对化而导致理性与情感的对立，道德要素边缘化甚至丧失，特别是人为的、政治的因素产生的极端意识形态，加剧了道德接续的断裂，伦理关系全方位日趋紧张，对于社会文化、家庭生活、个人全面发展造成了不可弥补的伤害。"[①]20世纪六七十年代以后的多元主义兴起逐渐矫正了这一趋向，接受民族文化传统，将之视为地方知识和文化背景，现代化越来越变成差异共在的兼容体，因为一个国家的现代化是由它的国民参与完成的，而国民都身负着历史传统和地方文化的印记，个人与他的国家、与他的祖先的关系，正是通过文化传统这样的叙事相互关联并确定下来的。正如吉登斯所指出的，"个人的认同感不是在行动之中发现的（尽管行为很重要），也不是在他人的反应之中发现的，而是在保持特定的叙事进程之中被开拓出来的。……它表现为持续地吸纳发生在外部世界中的事件，把它们纳入并涉

---

① 姚新中：《从现代化进程看伦理道德的文化发展战略》，载《江海学刊》2020年第4期，第27页。

自我的、正在进行着的‘故事’之中。"[①]

　　例如，在如何理解"民主"这个概念、如何看待国民与国家的关系、国民在国家中的地位等问题，中国思想家是做出了具有自身特点的思考，从而有别于西方。例如美国总统林肯（任期为1861—1865）对国家权力合法性曾经做出过一个非常有名的解释，即"（政府）来自于人民、由人民控制、为人民服务"（of the people，by the people，for the people），中文的简译为民选、民控、为民。孙中山将其译为"民有、民治、民享"，林肯明确使用了"选"这个动词，它表明了国民的现实参政活动，孙中山则改为了"有"，虽然也是动词，但更多地属于静态的占有，或许只是一次性的行动。但到了国民党建立并确定党纲时则变为"民族、民权、民生"，已经是完全的名词，而且主体全部偷换成了国（或者执政党），"民"只是被照顾的对象，"民"的地位从主体降格为客体。这一演变过程其实反映了领导中国开启现代化的早期领袖们用"旧瓶装新酒"，对西方文化进行了中国式解读和改造。

　　在文化沙漠上建立不了现代化，我们不仅要活用我们的历史文化传统，并开出新知，经受现代化洗礼，结出中国现代文化之成果，中国现代化事业才可蓬勃发展。发现并承认各个民族用自己的方式完成现代化，这是人类对早期单一的现代化模式反思后所得出的深刻认识。中国社会是由无数的中国人在其生活世界进行社会性活动而结成的，其中文化建设既勾连了历史和今天，也顺接了自我与他人，由此形成的"在场""共在"正是现实的现代化进程的日常生活场景，中国现代化进程的走向和性质大抵也可以从当下中国人的文化站位、生活世界建构中找到答案。

　　对于后发国家而言，现代化不仅是迎接外来文明的挑战，更是对自身

[①]　［英］安东尼·吉登斯：《现代性与自我认同》，赵旭东、方文译，生活·读书·新知三联书店1998年版，第60页。

传统文明的全新审视。由于中国近代以来现代化的开启是有过多次打开—中断—再打开—再中断的剧幕，每一次的现代化事业面临的国际局势和国内重点任务都有所不同，因此，我们必须用发展的眼光、多元的整体观来认识今天的中国现代化事业，互联网技术的传播以及由此建构的网络社会正是我们身处其中的最真实的场景，也将极大影响人类世界和中国的未来格局，我们只有将网络社会在中国的意义放入当代中国现代化事业的宏大背景之中，才能对二者做出深刻的把握。

第四章

中国式网络社会的形成

早在20世纪80年代，在学习西方先进科学技术的口号下，借助国际学术交流项目和政府间技术合作，计算机技术及其应用得以传入中国。此时有关互联网的知识还只局限于少数相关专业的顶尖学者，国际互联网的使用更少见，主要集中在高端科研机构，用于专业技术人员之间的情报交换和信息沟通。在20世纪90年代中后期之后，从美国留学归来的计算机技术人员开始了网络商业化的尝试，他们前赴后继艰辛探索如何培养用户消费习惯、促成新的行为和认知思维，当然，支撑他们的动力之一是对未来巨大盈利前景的信心。许多公司倒在了离成功一步之遥的路上。风险资本的适时介入不断输血，那些受到风险资本青睐的网络公司抗过了数次"互联网泡沫"，熬过了培育市场的"烧钱期"，迎来了盈利的时候。与此同时，网络这片蓝海巨大利润的诱惑也吸引了众多专业人士的加盟，上述诸多因素的共同作用终于带来了中国网络创业、应用的全面发展和网络公司财务报表上的亮眼数字。当线上经济、交友、工作联络变得越来越寻常，超过一半以上的人口现身于网络之中，网络社会就在中国形成了。

一、中国式网络社会的参与主体

尽管我们不能准确地肯定哪个时间节点标志着网络社会在中国的出现，但可以十分明确地断定，今日的中国已经全面进入网络社会。2021年2月3日，中国互联网信息中心（CNNIC）发布了第47次《中国互联网络发展状况统计报告》，该《报告》显示，截至2020年12月，中国网民规模达9.89亿，较2020年3月增长8540万，互联网普及率达70.4%。"超过总人口半数以上网民活动于其中的网络空间，已经不能称之为虚拟空间了，而是形式上脱域、内容十分现实的社会空间。网络空间既是社会空间的崭新形式，也是社会空间的基本构成部分，它不仅存在于在场的地方社会空间之上，而且也以其无孔不入、无处不在的信息传递进入实体社会地理空间的每一个层面、每一个角落。"[①] 在这样的网络社会中，活跃着多个参与主体，他们形成的合力共同推动了网络社会在中国的落地，不过，由于各自拥有的社会资源和话语权之不同，这些参与主体不仅在参与网络社会的渠道上有区别，而且在网络社会中扮演的角色、发挥的作用也有极大的不同，这些差异是实体社会权力结构的折射，同时也是网络社会技术赋能、治理擢能、分层区隔和群体认同等复杂作用力的结果。

（一）网络社会在中国

网络社会在中国也经历了不同的阶段。从公众角度上看，是从不理解、不相信到逐渐接受的过程；从企业角度上看，是从投资蓝海到投资红海的过程，最初的野蛮生长、资本大量投入，出现了多次"互联网投资泡沫"和泡沫破灭，终于诞生了一些"巨无霸"式业界头部企业，例如著名的BAT（百度、阿里巴巴、腾讯）；从政府角度上看，则是从管理上的放任、态度上的不明朗逐渐走向严格管控、全面引导的过程，这既出于对公众呼声的回应，更多来自政府对"秩序"的强调和对"稳定"这一核心行政价值的偏好。可以说，上述诸多力量本身立场的变化和相互间的角逐，共同左右了中国的网络社会，他们也成为了主要的中国式网络社会的参与主体。这些主体围绕网络社会的主导权展开了或明或暗的较量，其中暴露出了值得关注的社会伦理问题。"信息技术形成的权力结构，其本身就具有不同主体之间信息权利的不对称性。若网络技术的发展无法穷尽，那

---

① 刘少杰：《中国网络社会的集体表象与空间区隔》，载《江苏行政学院学报》2018年第1期，第61页。

么，在网络世界中存在的特有的网络技术权力结构将不能消失。这样的结构由知识、专家和资本等要素组成，在某种程度上可以说是这种结构支配社会资源，决定社会的运作。最明显的例子是网络技术专家、网络所有者与一般公众在信息资源的占有和利用上存在着不对等性，网络技术专家、网络所有者凭借知识、资本等方面的优势，可能侵犯一般公众的信息权利，从而使后者受到伤害。"[①]

与之前的所有新技术不同，以计算机技术和国际互联网为基础而形成的网络社会，其实是深嵌于实体社会之中的，在本书中我们并不赞同将网络社会理解为虚拟社会，因为网络社会与实体社会高度关联、深度交织。

人们用"虚拟"来描述网络社会时，可能包含了多种含义。第一种是指"不真实""虚假"，这种见解显然是对网络社会的误解。尽管仍然有不少人持有这样的观点，但我们不准备单独讨论这个观点。第二种是指"非实际""不确定"，例如，法国学者莱维认为，"虚拟，一般地讲，不是同真实而是同实际相比较的。与同静态的并且形式上已经被构造的可能不一样，虚拟是一类存有疑问的复合体。"[②]这种认识深刻理解了网络的本质，因将"虚拟"理解为"复合体"，就为引入网络社会这一新造词提供了空间。第三种是指"新实体"，有别于传统时空世界中的实体，这种"新实体"并不占据特定的物理时空，同时经常转换身份，在不同终端并行出现，但它具有自身的质料——信息、数据；特殊的规定性——延展、开放、平等等，因此，互联网或网络社会的"虚拟"只是一种并不贴切的比喻，其实质在于它是人类知识创造、技术革新和多机构间合作互

---

① 刘大椿、张星昭：《网络伦理的若干观点》，载《教学与研究》2003年第7期，第24页。

② Pierre Levy. *Becoming Virtual Reality in the Digital Age.* New York and London: Plenum Trade. 1998. p.24.

联的产物，属于"人造物"，是一种低级的人工智能，同时又是一种高级的现代技术。在本书中，我们通常不直接使用"虚拟"一词，如果非要用"虚拟"来解释网络社会，我们将采纳第三种观点。

从世界范围看，网络社会的形成改变了用户的社会行为方式，从而对实体社会造成了巨大影响，这迫使实体社会做出多方面的改变。不过，实体社会仍然占据显著的优势，只是这种优势受到了挑战。可见，实体社会与网络社会的关系并非主次关系，更非对立关系，在一些方面网络社会领先、占有了优势，但在另一些方面实体社会仍然具有不可替代的影响力，而且一方对另一方的侵蚀、渗透都伴随着一定程度且持续一段时间的争议、冲突。在中国也不例外，网络社会无疑在多个方面挤压了实体社会，但总体上看，目前的中国网络社会仍然处于实体社会的全面控制之下。

正如国际互联网的创始人瑟夫、卡恩、克莱因罗克等人在《互联网简史》一文中指出的那样，"互联网还是一个新生事物，还在不断地变化、调整。然而，互联网的未来在很大程度上并不取决于技术上的进步，而在于人类如何对待这些变革。"[1] 实体社会深受网络社会的冲击，实体社会也对网络社会有所规约，从实体社会走出的人们如何理解并运用网络将决定网络社会的未来何去何从。网络社会中的新经济形式，例如，互联网金融、线上交易等直接冲击了实体社会的银行业、零售业，同样，实体社会制定的法规、颁布的行政管理条例、行业自律条约等也为网络社会提供了各种标准，二者在相互试探彼此可以容忍的最底线中不断磨合，既有争执又相互纠缠。

众所周知，互联网提供了新的技术手段和空间，拓宽了普通社会成员的参与渠道，增加了他们了解社会、参与社会事件的机会，从而激发了

---

[1] 转引自郭良：《网络创世纪——从阿帕网到互联网》，中国人民大学出版社1998年版，第162页。

广大社会成员的参与兴趣，当部分社会成员得以发声表达甚至采取实际行动时，他们就成为了社会生活的现实参与者，因此，理论上说，互联网可以提高社会成员的参与程度。这被一些学者视为"技术赋能"，由于掌握和利用互联网，民众就多了关心社会事务、了解政府政策和表达自己意见的渠道。由于传播成本相对低廉，使用方法极为便利，互联网大大提升了民众参与的积极性，极大地激发了公众的参与热情。

互联网的商业利用及其带来的巨大利润也提升了中国人尝试接触、了解和利用互联网的意愿。伴随着阿里巴巴上市、近些年"双十一"超过千亿并逐年攀升的成交额，还有京东、小米、美团、拼多多等互联网企业的快速成长和获得的巨大利润，让公众看到了互联网的造富神话，网络社会也被"坐实"，成为了许多国人每日不离、无法切割的生活内容。此外，"互联网思维"开始成为了最火的词之一，互联网的行为方式、盈利模式乃至海量的信息一再表明互联网本身正在成为新的"知识"源泉。我们注意到：尽管大家都在说互联网和成功互联网企业，但是绝大多数人提到互联网思维还是停留在商业发展上，其直接表现就是如何吸引粉丝以及变现能力。这或许无可厚非，但这样的理解至多只能说是互联网1.0版本。互联网不单是日常生活或工作中的应用工具，借此可以实现沟通、信息获取，互联网的本质更在于它是跨越各种终端设备的互联网化的平台。因此，互联网不只是渠道，更是我们身处其中的环境，该环境不只是冷冰冰的技术设备、看不见的信息传递，它还有人际关怀、文化创造、生命价值传承等丰富的人文内容，网络伦理正在由此生长出来。

推动网络社会更迭的力量不只是信息技术和计算机数据分析能力的提升，更重要的是社会政策制定者、工业资本集团、公众的参与程度和态度倾向等等形成了公共行政政策的指导思想或社会舆论，它们同样真实地左右了网络社会。事实上，我们也不难看到，不仅各国都在不断调整关于网络社会的治理强度、手段，而且在广大社会成员中，欢迎并适应了网络社会的人群与抵制拒绝网络社会的人群，在人数规模、年龄构成、职业分层等各个方面也不断呈现出显著的变化，这些变化未必都有明确的价值指向，但却实实在在地影响到了网络社会的实际呈现样态。

我们经常说：技术是无国界的，但技术的使用者是有国别的。在网络社会这一点得到了淋漓尽致的体现。当网络还只是学术机构的前沿研究领域时，网络技术确实可以说是中立的，但当借助商业资本广泛普及并进入千家万户、成为影响并冲击实体社会的力量时，政治集团就开始介入并通过技术擢能迅速掌握技术的核心要领，以"国家安全""公共利益"等名义将网络技术纳入严密的监管、掌控之下。西方多数国家也已经加强了对网络社会的治理，但因有发达的民间组织和财大气粗的商业集团，政府对网络社会的监管相对缓和、隐蔽，相比较而言，中国的情形有同有异，可以肯定的是，网络社会在中国仍有不少亟待改进之处。我们基于责任伦理做出的网络伦理研究正是为了解决这些问题，从而构建并证成更加合理、更具有道德正当性的网络社会。

（二）中国网络社会的主体

从网络社会出现至今的历史来看，网络社会的主体在不同时期有所不同，即不同主体交替地现身于网络社会的不同发展阶段。早期的网络社会的主体只是极少数计算机专业人士和技术精英，他们提出了互联网的技术策略和互联网的技术维护准则，即自由、平等地互通互联。此时的网络社会仅是科研机构的实验室，是科研人员交流的有力工具。后来，互联网的商业价值被极大挖掘，开始向民用、生活化延伸，即时通讯、线上经济、互联网+业态等带来了巨大商机，也为广大用户提供了极大便利。网络平台公司成为了这个时期的主体，他们控制了网络社会的走向，古典自由主义的"互联网精神"被重商主义的互联网精神所取代。再之后，网络使用者和政府有关部门基于各自立场、不同的利益关切点积极投身网络社会，但因各自握有的权力、资源相差悬殊，结果，政府全面胜出，在网络社会的影响力日益显著。如今可以说在世界多个国家，国家有关行政机构都是无法忽视、难以撼动的网络社会主体。

在本书中，我们所讲的"网络社会的参与主体"主要指主动参与并影响到网络社会现状及进程的人或组织，具体到中国，这样的参与主体有四个层级：第一个层级是网络技术的研发人员和网络平台的投资人，他们是最早敏锐觉察到网络技术的革命意义，捕捉到网络社会的商业机会，从而率先进入网络世界，并将互联网思维普及至中国的人群。第二个层级是实体社会中的中产者，他们因工作需要或受到国外影响，较早接触到网络，也是网络平台的频繁利用者，他们可以熟练地操作网络工具，并乐于在网络事件中发声、表达。第三个层级是政府有关职能部门，除了各级网络安全和信息化委员会办公室这一隶属各级党委宣传部的专职工作部门之外，中国的网络管理涉及政府职能部门较多，因政府管理网络的触角深入到了网络世界中传播的全部内容，不仅公安、金融、电信、宣传部门，就连教育、卫生、旅游、文化、农业、工业等几乎每个部门都可能介入。但与上述两个层级不同，在20世纪90年代末之前，中国各级政府大多采取的是观望、不置可否的行政方式，待网络技术和网络空间急剧扩大，直接波及非网络世界且产生了显著的冲击时，政府部门全面开始参与。可以说，政府部门是被推到了前台，借助所掌控的庞大公共财政和社会资源，很快就成为网络社会存在感最强的主体。第四个层级是广大普通网民，他们虽然人数较多，但多数是在网络社会成型之后才进入的，特别是在移动互联网普及之后，许多中国手机用户省略了电脑终端这一前期学习的环节，利用手机流量直接下载各种应用程序开始了网上冲浪，他们成为粉丝经济的拥逅、热点事件的关注者和信息瀑流的转载者，也是大V、网红之类网络神话的见证者。但他们是高度分散的，发声大多是情绪性的，在很多事件上的表达上也呈现出与实体社会"乌合之众"相类似的特点。

上述四个层级的划分是按照参与并推动中国网络社会形成先后顺序排列的，然而，上述四个层级在进入网络空间、构成网络社会的参与主体之后，他们对网络社会的作用渠道、影响程度非常不同，可以相信，他们之间的关系性质将制约中国网络社会的未来走向。就目前而言，各级政府部门是排他性的首要主体，虽然在技术上的滞后性导致政府部门有时落后于网络专业人士或网络企业、投资人，但政府部门可以通过招才纳士吸附这些人进入政府机关，成为"自己人"，政府部门还可以制定有针对性的政策、条例等，从而为整个行业的发展提供行为导向，完成"规训"。相比之下，其他三个层级几乎都没有对政府部门有效制约的有力手段，这种单极式权力结构对网络社会而言可能是利弊兼具。中国网络平台和网络使用者在适应这种单极式权力结构过程中将丧失最宝贵的创新、求异、独立等特性。要知道，创新、求异、独立本身就是不确定的、不可控的，它们只存在允许差异、对立之类的宽容社会环境中，简单地将以往的管控经验套用到网络世界，这是一种懒政，只有全面、深刻地认识网络社会，获得"互联网思维"，与其他参与主体建立起平等互动的关系，政府部门的参与才能对中国网络社会产生更加合理、更加持久的积极影响。

与现实社会中的真实存在不同，在网络社会中，作为主体之一的无数普通网络使用者是以多重面相的模糊状态呈现的。首先是存在空间位置的模糊。现实主体的人一般以"在场"的方式确定方位，"在场"意味着主体存在于特定的空间场所内。而网络社会中的主体往往是以离场、"空场"或"缺场"的方式存在，网络使用者只要拥有一台联网的计算机就可以实现网络连接，进行写作、发文、浏览、对话，即网络交往，该主体的空间位置不仅是变化的，而且可以在任何场合、场所"现身"，更为重要的是，空间位置的模糊并不妨碍其行为目的的实现。其次是存在时间的模糊。网络使用者可以预设时间，例如在发送邮件、传递信息、线上订购时都可以延时，时间的模糊不仅影响人类认识事物的方式，而且也会对人类个体的自我认同产生干扰，因为传统的时间观念是一元线性的，从过去、现在到未来，而且是不可回复或不可倒置的，但网络社会却使之变得可能。第三是主体交往的对象也呈现出模糊的一面。由于网络社会的主体都是通过计算机网络终端或者移动互联网在线实时发生联系，产生影响或作用，各自都可能以不在场或隐名埋姓的方式存在，因而确定其交往对象的"真实性"就变得异常困难。但自从全面推行实名注册制之后，中国网络使用者的真实信息或身份是被网络平台公司和政府有关部门完全掌握的，对象的模糊性只是相对于无数普通的网络使用者而言，实际上早已经是半透明的而非全隐身的。

众所周知，以万维网为主的网络技术的协议都建立在分节式结构这一基础上，即赋予任何一个电脑终端（或用户端）都可以成为一个独立的节点，接收并发送信息，从而保证"互通互联"这一最初的设想。上述所言网络使用者本人在空间、时间上的模糊性以及他所交往的对象之模糊性正是这些技术设计提供的手段促成的，因为模糊使用者将大大减少信息传输过程中的损耗、物理的监管和审查等方面的成本，从而极大提高使用效率，也由此无限延伸交往的边界。抹去了各种社会身份和文化符号的网络社会主体之间的界限消失了，他们将可能在网络世界中自由驰骋。因为在现实存在中，国与国、地区与地区，甚至人的阶级和阶层的不同都会导致其思维与存在之间的界限是明晰的，而明确的界限会阻碍现实主体的自由流动，使主体的行为受到无法克服的约制。可见，一些重要指标的"模糊"正是网络社会所必需的，它重新定义了主体特性和主体间关系的缔结方式，确立了主体和客体的统一。这是网络社会的迷人的魅力之一，同时也是部分实体社会中的人不安所在。

还有一个问题应当引起我们的深思。从构成元素上看，网络社会的最小单元不是个体的人（用户），而是人在使用网络时的留痕，即传递的信息和数据，每个人的零散的数据通过被记录成为了海量的大数据，网络平台公司进行抓取、爬梳、分析之后，就成为了商业秘密和核心资产，对数据的选择和占有就成为了专有的权力，除了极少数信息技术的高手和独行侠，绝大多数平台的网络使用者都成为了潜在的受害者，他们点击网页、发送邮件、下单购物等所留下的"行踪"，这些都是与他们自身直接相关的各类数据，却不再属于他们，相反，成为了网络平台的"资产"甚至核心竞争力，以及政府有关部门掌控的资料。后者可以利用这些大数据精准定位到那个人，从这个意义上说，网络用户不再有个人隐私，他们在网络上被窥视，他们被迫成为了"裸奔者"。总之，网络社会的降临并没有将人从异化状态解放出来，而只是将物化的异化转变成了信息化、数字化的异化，更为悲催的是，网络社会中的人的交往、参与并非直接且互动的，人与物以及任何事件要显现自身的存在都只有经过信息化或数字化之后才能被看见、被关注，信息化或者数字化是由算法操纵的，结果，人被技术以及掌握技术的"大Boss"所钳制。网络在侵吞人，人又离不开网络，这大概是网络社会中的人遭遇的无法突破的技术屏障，这使得针对网络社会的任何伦理批判都显得矫情和苍白无力。

二、中国式网络社会中的互动关系链

网络社会建立在互联网技术的基础上，然而，互联网技术又不断迭代更新，这导致网络社会始终处于变形、再生长的过程之中。有许多学者对中国互联网技术发展的阶段做了考察，例如，陈建功认为中国互联网技术发展先后经历了三个不同的阶段：引入期（1980—1994，互联网技术在中国主要被用作信息检索和信息通讯的工具）、商业发展期（1994—2006，其间又有基础准备、加速发展、泡沫膨胀与破裂、可持续发展几个亚阶段）、社会价值凸显期（2007年至今，自媒体和即时通信交流使得全民进入网络世界）。① 方兴东则认为中国互联网技术发展经历了五个相对独立的阶段，具体包括：史前阶段（1994年之前）、互联网1.0阶段（1994—2001）、互联网2.0阶段（2001—2008）、互联网3.0阶段（2009—2014）、网络空间时代阶段（2015—2024）。② 刘少杰从网络社会学视角将迄今为止的中国网络社会发展历程划分为五个阶段：学习引入阶段（1987—1994，学习互联网知识，引入互联网技术和开启互联网通信阶段）、WEB1.0阶段（1994—2002，网民上网浏览信息、搜索网站，向社会发布信息以及BBS发展阶段）、WEB2.0阶段（2002—2009，利用信息交流和通过博客向社会发布自己观点的阶段）、WEB3.0阶段（2009—2014，个体通过微博和微信开展即时通信并结成大量网络群体的阶段，此时也是网络社会空前活跃时期）、多维发展和综合扩展阶段（2014年以来，"互联网+"使得互联网突破信息空间，将经济、政治、文化、社会、环境等各个方面绑定，中国社会全面网络化）。③ 不难看出，虽然起步晚，最初是从境外引入，但是中国互联网技术很快跨过学习、模仿阶

---

① 陈建功、李晓东：《中国互联网发展的历史阶段划分》，载《互联网天地》2014年第3期。

② 方兴东、潘可武、李志敏、张静：《中国互联网20年：三次浪潮和三大创新》，载《新闻记者》2014年第4期。

③ 刘少杰：《中国网络社会的发展历程与时空扩展》，载《江苏社会科学》2018年第6期。

段，进入到全面自主创新阶段，这直接推动了网络社会在中国的出现和成长，技术赋能和资本加持是中国网络社会的初期阶段的主导者，之后政府的全力介入、网民的全面参与都极大增加了中国网络社会的变量，使得中国网络社会的走向日趋复杂，我们在本节借助"互动关系链"概念考察中国式网络社会的生成逻辑和总体特点。

（一）网络社会互动关系链的生成逻辑

美国社会学家达尔·柯林斯提出了互动仪式链理论来解释社会领域中微观群体间以及微观群体向宏观社会进行传递的实际状况。在柯林斯看来，群体限制、现场互动、共同聚焦和情感共享这四个因素可以完整地解释个体的社会行动和个体的群体成员身份的形成过程，柯林斯的"互动仪式链"让人们关注微观个体是如何介入并影响到宏观社会的。

在实际的社会生活中，每个人都会根据自己和对方可能得到的资源进行往来，这种往来是相互的，因而可以称为一种互动，对具体个人而言，他会以各种相对定型化的行为姿势（这被社会学家称为"仪式"）进行互动，互动在日常生活中的结果就是形成了各种社会群体和社会分层。人们在网络社会这一全新的场域也采纳了互动仪式链来建立与他人的关系，从而让自身熟识、习惯网络社会。

不只是在人际关系的建构上有此作用，互动仪式链也被深度地导入网络商业应用之中，成为其经营逻辑，特别是在中国，这样的思路直接成为了网络平台开发社交产品、理解个别网民行为的指导思想。很多中国本土的互联网公司和网络平台在开发产品、设计应用程序时，主要的指导理念就是三个关键词：关系链、互动、内容，并将它们视为社交产品的核心要素，这一设计理念是缘于对网络社交中的人际关系性质和网络社会本质的理解，是对柯林斯互动仪式链理论的本土化改造。一方面它肯定了互动、行动、关注的重要性，另一方面又将关系置换成人际关系，包括熟人关系、半熟人关系、陌生人关系，将熟人关系商业化、将商业关系熟人化，用关系中的存在消解了独立的个体，"关系中的我"成为了社交平台用户的外显特征。上述中国式网络社会中的互动关系链因打破了虚实界限，加速了网络空间的扩张速度和程度，使得网络社会在中国短时间内爆炸式增长，与此同时，"仪式"所代表的个体的意识沉淀、行为固化则退居其次，网络社会的主体是以群体、公众、"我们"的形式现身。网络社会中的价值认同也就变成群体吸纳，个体的自我包括反思的自我都被消解。

不难发现，海量且不断推新的网络应用程序的设计理念包含了一个深刻的矛盾：一方面越多的人在用，潜在的用户就越有动力加入其中，但与此同时一旦你下载、安装了无数个应用程序，你就无法像最初以为的那样应付自如，很快，相当部分的电脑或手机中的应用程序成为了"摆设""僵尸"。用户原本是为了便捷获得资讯、满足社交需求，结果那些你要查找的资讯和那些你想关注的人掩盖在深不见底"信息瀑流"之中，你依然很难精准找到他们。

网络平台通过增加用户的黏度，不仅让用户形成对网络的深度依赖甚至高度信任，同时也因不断有更多的人更多的时候存在于网络空间中，网络社会就不再是虚拟的世界，它提供了真实世界的延伸，成为了一种"新实在"，有人称之为"缺场交往""非面对面存在"。与传统的实体空间不同，网络社会是以化名、化身的形式存在，一个网络用户可以有多个网名（"马甲"），为自己设计不同的身份标识（"人设"），通过文字、图片、视频等合成后推送。网名、身份标识看似杂乱无章，仿佛是用户率性而为，其实不然，这些网名、身份标识不仅反映了当时的社会潮流，同时也折射了用户的部分真实意愿，更为重要的是，网上散布的信息、图像等都是用户有意识地编辑的。因接收者并非预先确定，具有一定的匿名性和公开性，网络空间就具有了客观社会性的面相。

网络拴住用户的关键是"互动"，用户之间通过文字、语音、图片、视频等媒介信息随时、即时进行发送或传播，他们之间发生了切实的相互依赖关系，这种依赖关系不只是推送或回复这样看似偶然或无关的单一行动，连续的、经常的类似行为会形成习惯，留下心理印记，形成情感寄托，用户自身的情感投射、心理满足等构建了观念中的"他者"。网络社会中的各种社群、吸粉的假冒明星之所以层出不穷，正是因为他们填补了部分思维简单、心灵空虚、缺乏反思能力的网民们的"真实"需要。从这个角度看，网络社会的互动、关系、交往并非单纯的"缺场"，而是"替代"，对于一些网络用户而言，他（她）有时宁愿相信网络中的陌生人而非身边的熟人，因为网络中的陌生人似乎更"懂"他（她）。

在中国，网络社会发展的早期阶段，靠的是网络平台、互联网公司的工作人员"地推"，采取"人海战术"，他们在商场、餐厅、公园、学校门口等人员聚集地，主动且热情地打招呼"肉身"推荐本公司的应用程序。当一定人数下载注册了这些应用程序之后，不少人习惯了网上支付、购物、通讯联系时，用户们就以亲戚、好友、同事的身份向熟人推荐，开始接过了"网络推销"的接力棒，此时也出现了一些公共服务类应用程序，因为政府有关部门、大型国企、传统的服务业都纷纷推出了各自的网上应用系统以适应网络化的发展，一些离退休人员、中高龄人士也逐渐加入互联网。表面上看，网络社会互动关系链的生成逻辑缘于用户对便捷、及时、可控等生活需要的追求，实质而言，绝大多数用户是"沉默的多数""从众的庸人"，他们是被资本的力量裹挟进来的，尽管用户可以用脚投票，随时可以卸载、下线、关机，似乎有"决定权"，但这样的选择权是极其被动的，因为单个的个体无法撼动背后的巨大商业集团，甚至他表达不满的控诉渠道都被牢牢地掌握在网络平台手中，加之部分政府部门基于各种考虑经常选择性监管，中国的广大普通网民在互动关系链中的"互动性"就被进一步削弱。

诚然，互联网增多了民众的信息接近机会、降低了信息发布和获得的成本，也极大提高了社会生活的透明度。与报刊、书籍、广播电台电视等传统媒体相比，互联网最大的特性就是其开放性。这种开放性并不是人为规定的，而是由其技术特质——分布式结构和"包切换"的传输方式所决定的。它既向用户开放，又向信息服务提供者和网络提供者开放，还向未来开放。由于互联网的技术发展，信息转换瞬间就能完成，所有的信息都是数字化的，而所有数字化信息可迅速被任何地方的任何人所获取和使用。网络技术的拥护者和网络社会的乐观主义者们曾经对网络这一特性深信不疑，并为它赋予了诸多革命性职能，然而，近十余年的各国经验表明，国家权力部门和行政机构仍然有强大的能力将自身置于网络社会之上，并紧紧控制网络社会，即它可以限制甚至将网络技术为其所用，有些限制是为了制止网络暴力、欺诈、色情等不当行为，但也存在过度限制造成的负面后果，缺少法律依据和道德正当性的过度限制或许将会扼杀中国网络社会的活力，并最终延滞中国的现代化进程。

（二）中国网络社会互动关系链的特点

社会是由个体构成的，网络社会也不例外。尽管从外观上看，人们是借助互联网、数据、信息以时空错置的方式相联，联系的动力仍然是由个体发出的。如果仅仅停留在技术或设备上，忽略背后的人，就是"见物不见人"，很可能陷入物化思维之中。认识中国的网络社会时，一些人容易犯另一个错误，就是看到了人，但看到的只是人的物质需要、口袋里的钱包，将互联网仅仅理解为商业营利工具，网络社会不过是一个新的、巨大的"商场"。柯林斯的互动仪式链理论指出，个体的社会行动和成员身份的形成需要群体限制、现场互动、共同聚焦和情感共享四个要素，商业化的网络社会或许会遮蔽真实、有内涵的"共同聚焦"和"情感共享"，表面热闹的"互动"不过只是为着逐利，无法形成有生命的、持续的"仪式链"，结果就是网络社会由于缺乏内在的共享价值而趋于离散。我们要构建的中国网络社会互动关系链借鉴了柯林斯的互动仪式链理论，同时防止网络社会的空洞化和名利场化，以有效、真实的用户间互动为前提，改进网络社会中的各主体间的关系，形成彼此制约、相互激发的互动关系链。

网络社会的最新技术发展是数据技术（data technology）正在全面取代信息技术（information technology），由此今天的网络社会又被称为"大数据时代"。网络社会中的个体行为能够被实时跟踪、记录和分析，个体的网上痕迹可能被精准还原为个体的全部生活及其习性，个人真正成为了透明的人，在维护国家安全的名义下，每个网民的行为都可以被实时监控或被调取资料供人审查。然而，一个无法忽视的事实是：由于技术壁垒和国家战略等客观原因，围绕网络社会的伦理问题并未在国家高层做出有深度的探讨，也未在广泛的社会生活层面与公众进行对话，中国网络伦理讨论的稀少、形成的共识不足，这与网络社会的风云际会、高潮迭起完全不成比例。这导致的一个后果就是：中国网络社会的价值观呈现多重交错、杂乱无序的状况，尽管有"政治正确性"的红线，有各种成文法规和行政管理办法，但它们在道德理由和伦理价值的解释、维护上并不总是一致，这都在很大程度上干扰了人们对网络社会中善恶是非等问题的理解，难以形成具有共识性的相对一致的观点。

毫无疑问，互联网促进了社会各阶层间的横向对话。它引起了传播从单向到交互的质变，它使每个人不仅有听的机会，而且有表达的条件。互联网帮助公众实现了个人对个人、个人对多人（或团体）、多人（或团体）对多人（或团体）的即时交流和异步传播。在此过程中，信息传播者和接收者均可以同时发布和接收信息，信息传播方式由此从单向演变为双向乃至多向网状。这正是互联网带来的最深刻的变革之一，也是促成我们身处其中的网络社会之牵引力，互动关系链的建立才有了可能。

从历史进程而言，相比于工业社会、城市社会，网络社会的形成过程快速得多。此外，横向比较西方发达国家就会发现，中国的企业人士和技术专家们也是利用了"后发优势"，在网络技术的应用、网络社会的构建中实现了"弯道超车"。中国信息技术人员的创新、勤奋，加之国际热钱、风险资本的大量投入，中国网络社会以日新月异的速度崛起，在一些领域走在了世界前列。中国式网络社会有其自身的独特内容，但这样的内容必须放在历史的长河中去认识，也必须置入全球化的宏大背景下去理解，孤立地突出甚至锁定中国式网络社会的特点，会将中国网络社会引向歧途，丧失未来发展的可能性，也会错失当代中国社会伦理变迁的时代机遇。

今日中国网络社会的互动关系链仍在生成中，但由于网络社会的参与主体间的权力层级、资源占有程度等并不平等，也未能得到法律的明确划定和有效保护，多数主体的地位并不明晰，政府有关部门应率先做出调整，适度放松网络管制，增大其他主体的参与权限，将网络社会视为公共物品，所有利益关联者都应当纳入其中，不仅享受网络社会之利，也参与网络社会的营建、维护。特别是在网络伦理层面，只有诉诸广泛且深入日常生活的观念共识，才能整理出中国网络社会道德建设的指导思想和达至的道德理想目标。总之，中国网络社会的互动关系链不仅是多元主体共在的，同时也应当满足令人鼓舞的明确道德诉求，充分体现网络伦理上的责任担当。

三、中国式网络社会的价值取向

网络社会的价值取向植根于网络文化，不同阶段的网络文化关注了不同的主题和行为规范，从而有了不同的网络价值取向。例如，在最开始阶段，网络还只是大学、行政机关、军事部门等少数封闭式组织内的通信系统时，网络文化主张的是自由、开放、分享；当资本介入、推向市场后，网络文化不得不开始接受效率、资本回报率、市场占有率等方面的内容；当网络设备普及到绝大多数人口、网络应用成为许多人日常生活不可离的工具时，线上的活动与线下活动平分秋色，网络社会就呼之欲出了，此时的网络文化转向以人数众多的普通网民的偏好为主，庸常、琐碎的内容，礼貌式关注、点赞，偶然或情绪式参与充斥了整个网络世界。不难看出，网络文化也经历了去精英化的过程，代价或许是模糊的自我认同，这使得网络社会的价值取向也面临着主体不明带来的困惑，但这不是网络技术赋权必然带来的，相反，是网民们，即网络使用者对自身在网络中的行为缺乏自主意识所致。

（一）确认网络社会价值取向的必要性

卡斯特曾指出，"我们的世界，我们的生活，正在被全球化和认同的对立趋势所塑造。信息技术革命和资本主义的重构，已经诱发了一种新的社会形式——网络社会。"[①] 网络社会的一个动力因或者说存在的本质属

---

① ［美］曼纽尔·卡斯特：《认同的力量》，曹荣湘译，社会科学文献出版社2006年版，第416页。

性正在于：网络社会是信息技术革命和资本市场共同作用的产物，仅靠信息技术，再大的革新不过是问鼎诺贝尔奖的单纯学术成果而已，只有借助资本的推动、市场化运作，信息技术才迅速扩展，重构我们的生活世界，由此出现的"互联网思维"才颠覆了我们既有的认知、表达、交往方式，一句话，我们过去习以为常的一切都不再是理所当然的。资本的人格化是投资人，他们对市场的敏锐感知和对利润的疯狂追逐，既加速了信息技术的研发、应用和网络空间的迅速扩大，同时也对既有的价值观，例如尊重隐私、保护知识产权、劳动付费等提出了挑战，这些支撑现代工业文明的经典价值都被拉下神坛，受到了公开的嘲弄。这在相当程度上造成了新的社会道德规范约束力下降、道德价值重要性的弱化，也对人类的价值认同和自我认同提出了挑战。卡斯特在他的书中不仅表明了他对网络社会的厚望，他相信网络社会有可能解决全球化和认同的问题。

　　问题的症结正在于网络空间及其技术。网络平台不完全是一个中介或工具，它可以利用数据上的不对称、借用算法暗中剥夺依附网络却高度分散的用户们的权利。不管是否自主意识到，网民们始终处于与资本权力争夺网络空间自主性的对立之中。资本的多维权力结构使得网络控制比以往任何时候都更加强化，但它却未必牢牢掌握了网络使用者自主意识的生产，因为网民间的互动所生成的不同程度的合作同时就蕴含着消解资本逻辑的对抗力量。德勒兹认为，资本主义机制通过对其之前的社会机器的去辖域化形成各种自由的流动，并且又通过"公理化"的过程对上述自由流动的各要素予以再辖域化。在当代网络社会，这一过程通过数据的选择性被捕捉得以完成。网络平台这一新经济模式是产业资本、金融资本和数字资本相互缠绕合谋的产物，然而，这一过程却严重忽视甚至赤裸裸剥削了无数网络使用者。一方面，网络平台获得了对数字的专有权力；另一方面，网民的劳动呈现出非物质化、数字化倾向，"零工经济"的价值形成不过是由网络平台提供的免费数据和付费筛选构成的"网络商业模式"的一个具体实例。马克·安德烈耶维奇（Mark Andrejevic）从数据挖掘的角度分析了数字时代剥削是如何在薪酬缺席的状态下产生的，他还指出，不断进化的数据挖掘技术异化了网络社交活动，使用户在上网的同时失去了在线生产的自主控制。这就意味着，一切都被纳入监视促成的巨大组织"利维坦"的掌控之中。

此外，由于互联网开辟了"新媒体""社交媒体""自媒体"时代，消解了实体社会中媒体资源分配上的不平等，这就意味着，互联网打破了以往不平衡的传播格局，为广大民众特别是弱势群体的个人表达和集体表达创造了条件，从而促进了社会的横向对话与交流。庞大的网民群体除了在线娱乐、分享信息，还常常通过微博、微信、论坛、博客等渠道相互评论或讨论，把他们认为重要的问题变成公共议程，从而改变了以往的议程设置模式，前者是自下而上的，后者则是自上而下的。这是最具有革命性的技术应用带来的突破，也是最值得期待的网络社会价值取向。网络社会的信息横向流动基本上都是自发自愿的，且广泛分布在民间，这激活了民间，有助于打破信息权力生态，若进一步加速去中心化的趋势，网络社会将逐渐获得有别于传统社会且受到积极肯定的合理权力结构。

讨论网络社会的价值取向需要首先关注网络使用者的自主意识水平，中国式网络社会的价值取向更应当着力唤醒和提升普通网络使用者的自主意识和自我认同的水平。有学者指出，"'网络社会'是由计算机网络、远程通信技术等要素构成的虚拟社会系统。它没有中心，不设置拥有最高权力的中央控制设备或机构，因而客观上造成在网上进行主导的道德控制是十分艰难的。"[①] 何况道德本来就不是靠他人监督实现的，更不依赖

---

① 宋吉鑫：《网络伦理学研究》，科学出版社2012年版，第67页。

"最高权力机构"强制力的大小，网络社会的道德问题有其自身的特点，其中的一些弊端不排除或许正缘于了解不够、认识不足就贸然采取了不恰当管制措施造成的，基于此，我们认为，网络社会的价值取向在未充分展开之前，我们应保持足够的克制、冷静，网络社会中现存的诸多不同甚至对立的力量或许可以发挥相互牵制从而消解、引导部分有违常规行为的意外作用。

与实体社会一样，网络社会的价值取向也涉及公平、平等是否可能以及如何实现的问题。网络社会是以国际互联网为基本技术支撑的。尽管政府主导的网络建设的"全民原则"是首要的基本原则，但在组织实施中要达到人人利用信息资源的平等化，远不是一件容易的事，仅仅随着技术进步并不能自动实现网络社会中的公平。很多时候，即使一个公正的政府做出的决策或政策也可能出现有意无意的偏差。如果不能做到信息网络的全民化、普及化，公共财政投入所建成的信息高速公路联结的只是一些大城市、大公司及政府机构，使用网络在线的仅仅是部分精英，那就难免造成社会成员利用信息能力的不平等，加大信息贫富差距，制造出"信息穷人"和"信息富人"，并且加剧实体社会中贫者愈贫、富者愈富的两极对立。如果信息获取或交流信息的能力都被少数权力机关垄断或主导，甚至将信息高速公路变成"信息高速私路"，那么对"信息边远地区"、对"信息穷人"都将是极不道德的。

国际社会也在努力促成人类共同的网络价值取向，一些国际组织经过多次磋商、斡旋，在大国间调停，达成了多项国际公约和决议。联合国人权理事会于2016年7月1日通过了一项名为《互联网上推动、保护及享有人权》（A/HRC/32/L.20 The promotion, protection and enjoyment of human rights on the Internet）的决议草案，这项草案敦促各国进一步保证互联网自由以及人们在互联网上享有与现实生活中相同的权利。这被互联网活动人士视为一次重大的胜利，这表明网络社会同样也是公民自我展示和公民间社会参与的重要渠道，相应的权利应参照实体社会的各项规定，政府对网络社会的管制、监督或限制都不能超越实体社会的有关要求。决议草案还指出，该草案的法理依据是《世界人权宣言》第十九条以及《公民权利和政治权利国际公约》第十九条，故明确主张"民众在线上必须能够享有与线下相同的权利，尤其是言论自由，这项权利不论国界，可以通过自主选择的任何媒介行使"。《决议》还呼吁：国家必须"克制和停止任何阻止和干扰在互联网上传播信息的行为。这包括在任何时候关闭全部或部分互联网，特别是在人们急需获取信息的情况下，例如选举期间或是恐怖袭击之后"。①

自由与平等及其统一是衡量人类历史进步的标尺，用黑格尔的话说，"世界历史就是使未经管束的天然的意志服从普遍的原则，并且达到主观的自由的训练。"但黑格尔所说的自由仅仅是一种理念自由、抽象自由，而且黑格尔在这个问题上有着明显的西方中心主义，例如，他说"东方从古到今知道只有'一个'是自由的；希腊和罗马世界知道'有些'是自由的；日耳曼世界知道'全体'是自由的。"②与之不同，马克思主义强调自由是在特定制度下实现的必然。同样，真正的平等只能是人类文明终极发展的结果，因为马克思主义要实现"这样一个联合体，在那里，每个人的自由发展是一切人的自由发展的条件"③，在这样的联合体中，自由是包含着平等的自由，而平等也是自由的平等。因此，"自由必定是历史发展的产物。社会的每一个进步，文化的每一个进步，可以说都是迈向自由

---

① 联合国官网，https://digitallibrary.un.org/record/845728?ln=en.
② ［德］黑格尔：《历史哲学》，王造时译，上海书店出版社2001年版，第106页。
③ 《马克思恩格斯文集》第二卷，人民出版社2009年版，第53页。

的一步"①，而真正实现人的自由与平等，归根结底是要通过生产力的高度发展、建立起了不再有个人生活资料忧虑的公正制度。总之，网络社会的自由、平等不可能单独存在，高度依赖实体社会的各项制度，但是，网络社会因其技术和数据上的天然优势，有可能成为人类实践理想的自由、平等价值的先导，网络社会或许会给我们带来预料之外的惊喜，我们应当积极拥抱网络社会，这将助推实体社会的价值取向之基础。

（二）探求中国式网络社会的核心价值

中国网络社会的形成过程及其推动力量、所面临的道德问题等，都与世界各国有相似之处。"中国社会，特别是中青年人的城市社会，主要的社会交往形式已经从传统的实地场所进入网络空间之中，缺场交往已经成为人们得心应手、热烈参与的日常活动，因此，中国社会已经展开了一种充满生机的网络形式，即网络社会在中国已经大规模崛起。"②不过，网络社会在中国有其自身的独特内容，这尤其体现在网络社会流行的价值取向上。在此，我们想特别说明的是，在理解这个问题时，我们既要看到中西之别，还要看到古今之异，更要看到价值取向上的善恶之分歧。

当代中国正在成为一个多元的社会。这将影响我们如何看待中国社会、如何理解普通社会成员们的日常行为以及他们所奉守的价值观念，尽管这可以说是老生常谈，但实际上仍然有很多人不会由此进一步细致地思考：社会的多元究竟意味着什么。社会多元不仅仅意味着我们需要宽容各种价值观和秉承这些价值观的人，还意味着社会生活领域始终真实地存在

① 宋希仁：《马克思恩格斯道德哲学研究》，中国社会科学出版社2012年版，第461页。

② 刘少杰：《中国网络社会的集体表象与空间区隔》，载《江苏行政学院学报》2018年第1期，第61页。

多元的价值及多元的共同体之间的原则性分歧，甚至由这些原则性分歧引发的暴力冲突——无论是实际的肉身暴力还是隐喻的暴力（比如"言语暴力""网络暴力"）。我们必须认识到，现代中国内部已经出现了诸多显著有别、对立的观念共同体，这些观念共同体各自信奉着自以为真且善的某种社会价值。

同样，中国式网络社会的价值取向呈现出高度多元、良莠难辨的局面。虽然中央政府已经意识到此问题，并采取了多个措施作出改进、引导，但是，社会通行的主流、积极价值取向的形成需要足够长的时间，其间有多种力量参与，既不可能由政府靠行政力量单方面促成，更不能急于求成。此外，更为重要的是，我们必须清醒地认识到：具有生命力且被广大网民自觉传承的网络社会价值取向离不开广大网民的深度参与，要给网民们更多的试错空间。通过一系列的网民间互动和相应观念的自我养成，才能渐进地生长出与中国网络社会相匹配的价值取向。

例如在时常见诸网络空间的"人肉搜索"事件中，我们就看见了信奉个体自由主义的人群与社会整体伦理至上的人群之间无法调和的冲突。两类人群有着自己的规范观念和规则系统：前者诉诸自由个体不受干涉的权利，这些权利既有天然的合理性，更有现实法律的依据；后者诉诸家庭道德，主动制止个体的不当行为以维护社会整体。同样，围绕是否应从法律上对人肉搜索予以规制的问题也引发了两种公民基本权利的冲突：隐私权与言论自由权。如果说隐私权注重的是人类生活"私"的一面，那么言论自由权注重的则是人类生活"公"的一面。从某种意义上看，两种有别的公民基本权利在人肉搜索问题上的冲突也折射出了网民们对"私"权利与"公"权利根本不同的理解。然而，我们也注意到，在目前的中国法律框架和主流的社会舆论当中，"公"与"私"的界定在几乎全部的人肉搜索案例中都出现了一定的倾向，那就是，"公"压倒"私"的模式占据相对的上风。最典型的实例就是在针对官员和公共人物的人肉搜索事件中，行政部门的快速跟进、司法机关依据法律做出的处理大多被公众和网民们接受。公职机关和普通社会成员在此类问题上逐渐共同接受了如下命题：公仆没有隐私权；公众人物的私生活范围受到合理限制，这或许是根据公民的言论自由权和监督权的法理精神对官员和公众人物的隐私权保护进行了适度的克减。

不过，人们在人肉搜索中获得的共识仍然是有限的，原因在于：一方面这种共识并未得到相关成文法的实在化确认，没有落实在白纸黑字的人定法中；另一方面这种共识也没有继续扩展、延伸至其他相关或关联的社会领域，至少以上总结出来的国人在"公"与"私"问题上的共识在涉及社会道德特别是婚姻和性道德的问题时远远未能达成。在这类问题上，"私"与"公"的区分依然模糊不清。对于诉诸隐私权的一方而言，婚外情的相关信息确乎是"私"事：一个人的恋爱和性生活跟其他人有什么显见的关系从而造成明确的伤害？对于诉诸言论自由的一方而言，婚外情乃是一种涉及公共道德和社会伦理的行为，也就可以划入"公"事；因为这种行为至少侵犯了很多人基本的道德情感。二者间的道德观对立十分明显，但因缺乏公开的对话平台，持不同观点者的深度对话从而达成共识的条件尚不具备。

波夫卡认为互联网内嵌了一种自由主义价值观，这个观念原生于互联网的技术设计理念，具体体现在终端对终端、用户们个人信息相对匿名的自由交换这些特点上。但她同时指出，儒家对这种自由观是陌生的。儒家重规范轻自由，因此互联网在中国的接受和使用必然会导致有别于西方国家的一些新特点。[1] 波夫卡的观点很有启发，我们不能靠"照着说"或者

---

[1] Bockover, M. I. Confucian Values and the Internet: A Potential Conflict. *Journal of Chinese Philosophy*, 30（2）, 2003, pp. 159-175.

"接着说"中国传统文化就自动获得中国式网络社会的价值取向，相反，我们必须充分了解网络社会的本质，借鉴其他国家的各种理论和成功经验，在调动全体网络社会参与主体意愿的基础上逐渐发现、沉淀、维护中国式网络社会的核心价值取向。

考虑到网络技术的价值属性，欧洲学界提出了一些新观念，即一种"负责创新"的观念来确定网络社会的价值取向。所谓负责创新是指考虑到技术的价值属性，在技术设计之初就将工程师、技术未来可能的使用者、政策制定者等所有利益相关人员都召集起来，进行沟通和慎思。通过这样的方式，使得伦理考察从设计阶段就被输入，以便真正研制出促进公共善的网络平台、社交产品。

中国式网络社会的核心价值取向不只是中国特色的，更应具有世界格局和人类共性，网络是互通互联的，网络社会的利弊和光影是全体人类共同面对的，中国式网络社会的核心价值取向所反映出来的中国特色只有放在人类共同的网络社会价值取向和伦理议题的背景下才能得到揭示，脱离或否认人类共同的网络社会价值取向不仅是不现实的，更是有违基本网络伦理精神的。中国网络社会的权力结构存在严重不对等的关系，政府的行政权力过大，网络平台公司对利润的追求较少受到有力的制约，相比之下，普通网络用户的权力过小，应有的网络相关权利边界不清、保护不够。基于自由、平等、正义这些网络社会基本价值，我们主张建立责任伦理体系，理顺网络社会各参与主体的权利、义务，在落实各自的责任过程中实现网络价值诉求。

国际互联网是由分布世界各地的众多局域网构成，它采用离散结构，既未设置拥有最高权力的单一中心，也没有划定明确的物理界限。对实体社会的监管部门而言，网络控制成为了全新且极具难度的事务。网络连接面广泛，传输速度快，搜集、处理信息效率高，人们的活动受时间空间的约束大大缩小，因而现实社会中那种分地域设卡、设点控制的管理方式大大失效。作为一个自发的信息网络，网络社会没有所有者，不归属于任何人、任何机构甚至任何国家。这些都极大增加了监管难度，也使得辨析并落实网络社会中的责任变得困难。

上文的分析已经表明，"网络伦理"不是传统的职业伦理，也非角色伦理，它其实是个界别分明、领域广泛的伦理议题集群，因此，根据作用方式的不同，网络伦理在外延上又可以分为网络社会伦理、网络技术伦理和网络时代伦理等。若不做特别说明，我们在本书中主要谈论的是网络社会伦理（又可以称为网络空间伦理），其实只是狭义的网络伦理。网络社会伦理要处理的是多中心、碎片化的网络世界所产生的道德难题，通过增加网络使用者的"在场""参与""交往"来消除隔膜、冷漠。网络技术伦理主要针对的是网络技术的开发者、管理者，努力消除技术中心主义的片面性，让网络技术的开发和管理满足人的多重需要并以符合公序良俗的形式呈现。网络时代伦理是要处理好实体世界与网络世界的关系，充分考虑网络在普及、推广过程中对网民既有生活的影响，拥抱网络又不被网络束缚，真正成为网络的主人。

第五章

网络社会的责任伦理结构

作为一种对新型社会形态及其组织结构的描述，"网络社会"（network society）概念最早出现在荷兰学者范迪克（又译"梵迪杰克"）1991年出版的荷兰语专著中，该书于1999年翻译成英语。范迪克在书中指出，现代社会正在走向网络社会，其特征是由面对面人际传播形成的社会网络，逐渐被媒体网络取代或得到极大补充，个人沟通被数字技术所取代。为此，他还对"网络"一词给出了一个简洁而经典的定义，"网络就是在至少三个元素、节点或单位之间的联结"。上述定义广为流传，影响很大，但上述定义基本上只是客观描述性的，并未关注，更未赋予网络社会任何价值引导，范迪克主要是站在技术角度将"网络""网络社会"视为一种社会存在、人类生活的全新事实。"网络社会"概念提出至今三十多年间在世界各国的发展经验表明，网络社会并不仅仅受制于信息技术和大数据分析技术，同样也受制于我们如何理解网络社会的观念及其相应的行政政策、社会组织的行动等因素，后者就带有强烈的价值倾向，其中就包含我们在本书中阐述的社会伦理、个体道德等方面的内容。正如我们在前文所指出的那样，基于责任的网络伦理对于网络社会的健康发展不仅具有原初的奠基意义，而且因其可行性强、易于在各个网络社会的参与主体间达成共识并得到有效落实，从而可助推网络社会以更为合理的方式成为每日生活中的一部分。我们将在本章具体讨论网络社会的责任伦理结构，从现实主义出发，揭示弱后果主义的责任内容，特别着重明确政府、社会组织在网络社会中的各自责任，从而构建中国式网络社会的合理体系。

一、现实主义的责任基础

如何描述我们身处其中的当代社会？学界给出了不同的回答。丰裕社会、风险社会、全球化时代、后现代社会等等，都是基于不同的观察立场做出的判断。如果从网络伦理角度来描述网络社会与实体社会交织共在的实景，我们认为现代应该是"伦理化社会"，我们比前人们更加频繁地直面各种伦理选择，我们的社会比以往任何时期都更加直接地遭遇既有的伦理规则的解体或重构，换句话说，我们需要不断寻求基本伦理共识，以便为我们如何行动、如何与他人交往提供合理建议。义务教育的普及和无处不在的大众传媒、网络自媒体等都极大提高了公众在社会伦理共识构建问题上的参与能力，这同时也放大了人们在伦理问题认识上的众声喧哗、莫衷一是，在此时代背景下，具有广泛民意基础的社会伦理概念只能采取现实主义态度，并通过责任伦理予以落实。

（一）何谓现实主义责任观

现实主义，是相对于理性主义而言的。在责任概念的理解上，理性主义代表人物有康德、黑格尔等；现实主义则由韦伯开创，尤纳斯等人发展。现实主义强调了责任的客观性、可行性和效率化目标，这样，责任就脱离开了单纯个人的主观意图，成为显见的、可测量的行为要求。现实主义责任概念当然也不否认当事人之间确实存在有无责任自觉意识上的差别，但并未将此置于核心地位，相反，它始终在乎的是，责任是否以看得见的方式得到了落实。对现实主义者来说，"责任"本身要比行使责任者更重要，无论如何责任必须被承担，至于谁来承担反倒并不重要。不过，现实主义者也并非提倡不择手段、不计成本地实施责任，实施责任的过程、程序以及制度条件也会得到检视，因为它们也是客观责任的构成要件。

需要指出的是，现实主义有别于实用主义，后者是完全以效果、后果为宗旨，在价值观上可以兼容多个甚至对立的选项，前者则有比较清晰、稳定的价值目标，这一价值目标可以引导明确的行动策略的选择，现实主义具有更为成熟的价值依托。不可否认，中国政府在网络社会初期阶段采取的是实用主义，目前正在转向现实主义，其中所申明的价值依托，尤其是政府责任，应当更加突出和彰显。有学者精辟地指出，"中国政府在支持互联网发展之初，就抱着一种实用主义的态度：互联网是一项国际先进技术，通过引进、学习和吸收国际先进技术来发展国民经济，这是走向'现代化'的必经之路。"[①] 在网络社会日益成型的今天，我们的网络行政立场也应适时作出调整，即应当由实用主义转向现实主义，才能促成网络社会的多元主体共治和责任落实。

"网络社会"对许多人来说是"熟悉的陌生人"，每天都在用，似乎很了解，但其实完全未深究其背后的机理，例如，有不少人误以为网络社会更自由、更少约束、责任也就更轻，其实不然。美国学者劳伦斯·莱斯格（Lawrance Lessig）在其《代码》一书中指出，网络社会并非更加自由，相反，技术形成的约束使得网络用户更易受限，他认为网络行动者至少受到了如下四种力量的规制（regulation），包括法律、规范、市场和架构（architecture），网络空间中的软件和硬件构成了网络社会的"架构"，也是他所称之为的"代码"，"架构"或"代码"在很大程度上限

---

① 王梦瑶、胡泳：《中国互联网治理的历史演变》，载《现代传播》2016年第4期，第128页。

定了行动者能做什么和怎么做。实体社会中的行动者主要受到了前三种的规制，网络社会中的行动者还受到了第四种规制，不过，前三者已经被人们熟知，第四种却隐藏在网络技术的结构设置和网络社会的权力分配之中，许多网络社会参与者对此毫无觉察。这就需要教育网络用户，形成反思性自我，认清自身的责任和其他相关行为主体的责任，从而成为负责任的网络用户。

经济学中的"路径依赖"理论告诉我们，人类行为习惯于采纳之前已经接受过的方式，人类总是倾向于放弃独立思考而简单地选择听从众人的习惯。但我们并不能因此就对人类表示失望。社会心理学的研究成果表明，人类的个体具有很强的学习、适应和相互回应的能力，并不总是需要特别的外在强力来指挥或监督个体完成行动。例如，尼葛洛庞帝就曾指出，"我们受到的强化训练，使我们常把复杂现象归因于某种作用体的一手操纵。比如我们通常都认为'人'字形的鸟群中最前面的那只是头鸟，其余的鸟只是追随领袖而已。事实并非如此。秩序之所以形成，是鸟群彼此高度回应的个别行为而产生的集体结果。鸟群只不过遵循了简单的和谐规则，并没有任何一只鸟在中间指挥大局。"[1] 作为灵长类的人仍然有远远超出动物的学习能力、自组织能力，在网络社会中的学习、成长也离不开人的这一种群能力，因此，要对人（特别是成年人）的自负其责的道德潜能予以充分的尊重。

不过，许多社会学家观察网络社会时都指出了这样一点：与传统社会学关注的自我认同或归属认同有别，网络社会的核心是社会认同。尽管也是由个体（一个个普通的网络用户）发出，但面向广阔的网络空间汇集的群体，"对于大多数行动者来说，网络社会中的意义是围绕一种跨越时

---

① ［美］尼葛洛庞帝：《数字化生存》，胡泳、范海燕译，海南出版社1997年版，第186页。

间和空间而自我维系的原初认同而建构起来的，而这种原初的认同，是构造了他者的认同。"① 这也影响到责任在网络社会的实施方式及其范围、程度，通常来说，以个体为主体的责任因主体明确、追责清晰较易得到落实，但在网络社会中，个体面对的是群体身份和他者认同，责任的直接性和对等性受到破坏，这将削弱个体的行动意志和事后反省意识，从而致使责任分解，遁形于无数的他者"在场"构成的"我们"之中。这是应当引起我们高度重视的现象，要结合网络社会的特点设置责任的具体内容和贯彻的方式。

韦伯的理论又被学界称为"精神动力学"，因为他的理论关注的是现代社会，特别是资本主义时代中的社会行动的精神力量源泉。从宏观上考察西欧式资本主义兴起的根据时，韦伯发现了"新教伦理"，认为是新教理论培育了西欧式资本家人格或品质，正是具有如此的人格或品质，建构起了西欧式资本主义，并最终让这种资本主义成为人类社会发展的新时代。从微观上考察政府组织行为时，韦伯提出了科层制学说，支撑科层制的是"责任"，"责任"不仅包括分工和岗位的职责，还包括对权力负责（支配关系）、对结果追责（激励）。"责任"为政府组织的权力行使程序、合法性以及公务人员行为的专业性、回应性提供了完备的说明。由于科层制具有极强的学理解释力，它被广泛运用到各类现代组织，大规模的现代企业、社团组织、国际组织等都采取了科层制体系。从一定意义上说，韦伯的科层制是现实主义责任的一个经典范式，这表明在当代社会，现实主义责任可以通过制度安排、程序设置予以常规化和成文化，这也是上文指出的"理性"在现代社会的一个体现。

---

① ［美］曼纽尔·卡斯特：《认同的力量》，曹荣湘译，社会科学文献出版社2006年版，第6页。

（二）网络社会中的现实主义责任

在本书中，现实主义责任主要做如下三个层面的理解：其一指这种责任注重的是效果、效率，这使它有别于形而上学责任概念，后者仅仅满足于观念构造、概念生成，现实主义责任概念主张借助竞争以人人可见的方式将责任落地。与效果、效率关联的责任，突出的是责任本身的现实化，既然是责任的要求，就要创造条件、提供时机、安排行动者，从而将责任客观地展示出来。一旦未达此要求，上述过程就要受到审验，上述人员将因此接受惩处。其二指这种责任充分肯定的是个人，准确地说，肯定个人的社会行动，这区别于传统农业社会的群体共同体，现实主义是现代工业文明的产物，建立在对个人做出彻底认可的基础上，并以有利于个人发展的方式制定社会政策、划分行政职能，韦伯曾指出，"最初，全世界都是以家庭为贸易单位，而在家庭中，个人财产与公司财产彼此没有区分。但是，当公司开始雇用其他家庭的成员时，尤其在对信用的需求有所增长时，区分这二者就越来越有必要了。韦伯表示，这种分离最初发生在14世纪早期的佛罗伦萨，公司的资产被称为'公司法人'。"[1] 只有明确地在家庭与公司、个人与社会之间做出划分，才能提供确定的市场主体，从而推动现代国家在物质财富和社会文明进程中得以不断进步。其三指这种责任倡导协商或妥协式合作。在专制时代，权力排他性地被官方控制，有权者高高在上，一言九鼎，无权者只有屈服、从属的义务，自然毫无协商的可能。但在现代法治国家，全体国民自一出生就自动获得了诸多受到法律保障的权利，每个人的权利同等重要且各自独立，不可通约，若非遇到战争、重大自然灾难等不可控力，每位国民的权利都具有合理性，因此，当

---

[1] ［瑞典］理查德·斯威德伯格：《马克斯·韦伯与经济社会学思想》，何蓉译，商务印书馆2007年版，第26页。

国家的权力与公民的权利、公民间的权利发生分歧或冲突时，就只能进行协商，以座谈、对话、质询等和平方式，通过相互让步、妥协，逐渐协商出双方都可以接受的可行方案，这一意义上的现实主义也是本书着重推崇的社会行为观念，即社会成员个体或者特定事项的直接关联者围绕共同关心的事项予以深入交涉、互动，这样的社会行为应成为当代社会解决社会问题的基本行动指南，由此将对社会治理、网络社会责任体系建构提供明确的共识基础。

从思想史上看，现实主义责任观大抵可以追溯至自然正义观，即朴素的平衡观，取有余以补不足。纷繁复杂的社会世象充满了诸多变数和不确定性，若贸然下断言或轻率做决定，很可能带来灾难性后果。潜心观察和审慎决断，这对一个现代人而言，是非常重要的素养，但在实际生活中，很多社会行动者经常不得不迅速做出决定而且常常是在受限的时空条件下且无法获得更全面、更客观的资讯情况中做决定，此时，自然正义观就可以成为可行的行为指导，在明显失衡的关系中倾斜受损方，更多关注较少受关注人群，将部分资源转向长久被忽视的领域或事项之中，等等，都是这样的显见修正。社会本来就是由无数个体、群体、机构组成的，发现社会的责任内容并落实责任要求就必须采取与社会中活生生的行动者直接建立有机对话、互动的方式，否则将事倍功半或南辕北辙。

我们之所以在网络社会伦理建设中提倡现实主义责任观，一个根本的理由在于我们所理解的网络社会并非"虚拟"的，网络社会中的人（全体网络使用者）也非"匿名"的，相反，他们都具有与实体社会高度相似的行为特征，"与一些常见观点不同的是，网众传播的主体并非以'匿名'为特征，而是随媒介使用时间和卷入深度，越发倾向于拥有虽然多元、但较为固定的身份认同。这恰是由于行为主体置身于交错链接的网络结构中，因各种互动关系而被'网络化'的结果。"① 从一定意义上说，最初人们将网络社会视为"虚拟社会"一方面是因为人们对网络社会的特性不够了解，另一方面则因为网络社会本身的各种存在特性和本质规定都未得到充分展示，今天，越来越多的人已经深刻意识到网络社会真实地改变着我们的生活，我们与网络社会现实地融为一体。

1999年，互联网在中国尚不普及。当年为了在中国推广互联网，由国家信息产业部推动，《人民日报》和梦想家中文网在内的多家媒体发起了"72小时网络生存测试"活动，在北京、上海、广州寻找了多位志愿者，把他们分别单独关在宾馆的房间里，看他们能否仅仅通过互联网而生存。主办方为受试者提供了拨号网络、一卷手纸、1500元现金、1500电子货币，当时的中国工薪阶层平均月工资为1000元，三天1500元可谓"高薪"，但仍有一部分受试者说"一滴水都买不到"，那时，没有淘宝，没有支付宝，没有快递小哥，很多志愿者因为受不了忍饥挨饿，不得不中途退出。2016年，为了向当年致敬，上海市经济和信息化委员会指导、上海国际信息消费节组委会和上海市信息服务行业协会主办了一个名为"72小时无网络生存测试"活动，主办方从众多报名者中随机抽选出6名志愿者，分成"无网络组"，只可使用语音和短信通讯方式；和"对照组"，可以使用手机的移动互联网，但不能使用其他传统通讯方式。结果，对照组，即有网络组的受试者表示"该干什么就干什么"，而"无网络组"受试者回答"时间过得特别慢"。可见，到了2016年，国人已经全面拥抱网络社会，成为网络社会的常客。

短视频和直播系统的开发应用，一方面提升了普通人进入网络的动因，也扩大了网络经济的基础建设，延伸了网络经济的参与人群和受益范

---

① 何威：《网众传播——一种关于数字媒体、网络化用户和中国社会的新范式》，清华大学出版社2011年版，第100页。

围，但另一方面，每日上传的无以计数的视频，许多人沉浸时长日益增加，制作者为了吸引眼球，剑走偏锋，怪招迭出，不仅制造了很多信息垃圾，也冲击了现实世界的习俗和常规。借助各种应用程序，之前充满专业知识和令人敬畏的音乐创作、小说写作、公文起草等等如今像流水线上的产品一样被快速、大量地生产，抄袭与创作、知识与废话的界限不再泾渭分明，当全国的网民都在消费类似的音乐、文学、绘画作品，似乎提供了新的情感连结、新的身份认同、新的生活方式，然而，这样的"新"又有多少含金量？它们真的站得稳固、传之久远吗？在网络社会中的"我们"有了更多相似性，"我们"的社会认同似乎唾手可得，但这样的"我们"既缺失共在的现场感又缺少内省的反思精神。而且"我们"的范围巨大，边界辽阔，但中心却是空空荡荡。网络社会将走向何方，我们每个参与者都应该对此做出思考，并拿出改变的行动，而非一味地逃避或迎合。

不难想象，由于网络自身的特点，网络社会呈现出"数字化"或"非实体化"，网络社会中的全部图像、文字和声音都不过只是数字的终端显现，甚至行为者也是以一个"符号"作为身份在活动，因而很难对网络用户的行为加以确认、监管。责任在网络社会的实施会遇到种种阻力，网络社会中的松弛人际连带和非反思性的舆论表达都可能造成消解道德规范、弱化责任行为的后果，因为传统社会中的道德要求和责任意识所依托的"外力"式他律环境在相当程度上丧失了作用，网络社会极易形成相对无约束的"自由时空"之错觉。例如，用户在网络上查阅、发布、传输以文字、声音或图像为媒介的信息时，很容易接触或关联到暴力、色情之类的网页、链接、图文信息，这不仅难以被他人发现，更难以被完全禁绝，当事人误以为他是自由自在的，就会放松对此类信息的不适感，与此相对，如果他翻开的是纸质正式出版物，看到上述不雅文字或图片时他会感到明显的不安。

即便是从落实各方的责任角度而言，网络社会的治理仍然是必要的。事实上，"没有一个国家能够否认在特定方面对电子通讯进行管理的必要性，这是为了保护国家的主权。无需多言，中国政府做出了巨大的努力，建立起了这样一个管理机制来治理互联网。但更重要的是，中国政府也对互联网施加了政治控制。中国因而发展了两个互联网机制：管理机制和政治控制机制。这两个机制都是由中国政府建立的，但并不意味着，这两个机制之间就没有权益上的冲突。"① 学者郑永年观察到，中国的互联网的用户在寻找对策中不断成熟，他们总能够找到办法规避审查，有时政府审查部门与网络用户陷入"猫与老鼠"的游戏之中。不仅如此，学者们也发现，还有一些监管机制或法规只是应付上级机关而制定的，并未真正打算执行，网民们的"越轨"行为也是在不断探测政府的底线，因人力物力所限，政府也只能对大量无足轻重的"微小"越界行为睁一只眼闭一只眼。更为重要的是，政府内的各个部门并非铁板一块，它们也构成了不同利益群体，这样就产生了消解行政监管或执法的力量。上述种种因素都是导致目前中国多数互联网治理措施失效的原因。其实，若从责任伦理出发，就不难发现迄今为止的网络社会监管中政府有关部门在制定相关治理措施、法规时缺少现实主义立场，也未能对本部门及其治理行动的责任依据、责任属性、责任所在等紧要问题做出合理合法的深刻把握，正是由于这个重要方面的缺失，不仅导致了治理成效较低，而且也严重损害了行政机关的公信力，弱化了网络治理中相应的行政责任。

　　我们认为，网络社会中的现实主义责任由如下三个观念（或者说指导思想）组成。第一，共同的责任。身处网络时代的我们都是网络社会的一员，网络社会是我们确定自身、完成社会交往的主要媒介，是我们存在的

---

① 郑永年：《技术赋权——中国的互联网、国家与社会》，东方出版社2014年版，第20页。

一个部分，我们对网络社会的优良秩序都具有不可推卸的责任，这是我们的共同责任，但实际上，网络社会中的各方承担的是"共同且有程度差别的责任"，因此，哪一方独揽或者完全排斥任何一方，都是不合适的。第二，专业的责任。网络社会是现代社会的一种新形式，是由新技术催生出来的新型社会形态，因此，网络社会中的责任事关高度的专业内容，在技术上就包括了计算机技术、大数据分析技术、硬件新材料技术等，在社会治理上，有行政、司法、社会心理、网络营销等涉及诸多社会科学领域的专业，即便普通用户上网也需要学习和掌握一些知识、技巧、习惯等，所以，在落实网络社会的责任时应当充分尊重不同人群、不同领域的专业知识以及由此形成的专业判断，在此前提下相互充分交流，减少误解，降低信息损耗，以专业的方式才能真正落实责任。第三，可行的责任。不能得到执行、无法实在化的责任只是关于责任的空中楼阁，完全不适合无数人参与其中、每日发生变化的网络社会，尽管具体的责任内容或落实责任的特定方式会有所调整，但责任必须得到执行和落地。

二、弱后果主义的责任内涵

早在2006年初，中华人民共和国国务院就发布了《国家中长期科学和技术发展规划纲要（2006—2020年）》，在"三、重点领域及其优先主题"部分的"7.信息产业及现代服务业"、"五、前沿技术"部分的"2.信息技术"都谈到了信息技术及其产业发展具有的惊人前景，国家将予以巨大的财力、人力方面的支持，同时也对其中可能存在的风险、危害做出了预警，并提出了建立一个理想的信息社会所应当秉持的九种价值，这九种价值涉及三个层面：国家信息生态系统上要实现信息交换自由、信息交换的隐私保护、建立征信体系提供可资信赖的信息；在维护具有创新性的信息社会方面要做到接受改变、鼓励创新的机制、涌现创新者群体；在全球信息生态系统方面则倡导保持战略的稳定性、架设军民两用的桥梁、相互依赖的信息化社会的安全。《纲要》设定了国家信息化发展的目标，为此给出了有关部门的新职能和责任内涵的新变化，它还动员全体产业界人士明晰市场主体角色，担当起产业创新、技术赋能和造福社会的责任。事实证明，这个《纲要》发挥了积极作用，它秉持了现实主义责任观，划分了政府、企业、科研机构等不同主体在信息化建设中的责任，极大助推了我国网络社会的快速发展。

（一）弱后果主义的实质

在德国学者尤纳斯建构的现代社会之责任伦理体系中，他提出了一个基本伦理原则，即"绝对不可拿整个人类的存在去冒险。"① 当我们做事时站在人类整体的立场考虑，我们将不仅不会被个人利益束缚，还会对人类存在关联的世界（包括环境、生态、动植物等）予以关切，尤纳斯指出，作为地球的看护者，人类不应滥用自己的权利，不可为了人类自身的利益而践踏其他物种的权利，更不可只着眼于当代人的利益而忽视甚至侵害未来人的利益。尤纳斯是将人类长远（包括未来世代）、整体（包括所有与人类关联着的生态系统）的利益维护作为出发点，这样的后果主义具有强烈的道义情怀，超出了通常理解的功利主义。实际上，尤纳斯持有的是以内在义务感为原点的强责任，这样的责任依据来自人类的自主意识，即对当代人类社会共同的困境保持警觉而呼吁所有人都做出意识觉醒，积

---

① Hans Jonas. *The Imperative of Responsibility: In Research of an Ethics for the Technological Age.* Chicago：University of Chicago Press. 1984.p.16.

极改变旧有的行为方式，建立起与自然环境、生态系统的新的和谐关系，这样的强责任充分肯定了个体人的自我觉醒。不过，这样的强责任偏离了客观、可行性的责任诉求，特别是在网络社会将难以通行，因为网络社会参加者众，存在明确的权力架构和技术阻隔，主要的责任都被明确区分出了大小轻重。唯有弱后果主义责任可以给出可见、可行的责任要求和追责线索，从而对冲网络社会的不确定性。

我们在上文讲到，网络社会的责任以现实主义为指导，因此，是注重效果、效率的，即以是否有利于网络社会的未来长远发展和保障网络社会的各方参与者之权益为衡量尺度的。但是，这样的现实主义责任伦理并不能被简单地归类为功利主义，即便在注重效果这一方面它与功利主义异曲同工，它仍然不是功利主义，它至多只能被称为"弱后果主义"。所谓弱后果主义的责任，是要表明：尽管以客观、效率为其核心内涵，同时也兼顾社会公平、参与者权利，这些价值诉求不仅不能合并到后果主义之中，更不能被后果主义遮蔽，相反，这些价值诉求可以成为衡量后果主义的终极理由，对极端后果主义做出修正。所以，将其他普遍价值引入到后果主义之中，这将保障我们所提倡的网络社会责任伦理具有更加合理的思想基础和更加开阔的眼界。

"互联网治理"概念的提出以及围绕它产生的争议，就很好地揭示了弱后果主义的实质所在。国际电信联盟最早于1998年正式提出"互联网治理"（Internet Governance）概念，以后被其他国际组织或国家陆续接受。2005年联合国互联网治理工作组将"互联网治理"定义为："政府、私人部门和公民社会根据各自的职能，制定并应用影响互联网发展与使用的共同原则、规范、条例、决策流程与纲领。"它主要涉及的是互联网基础架构、协议等关键性资源的界定、分配和操作，即针对的是全球共通的技术性合作层面，这样的领域是可以标准化和客观化的。"互联网治理"的工作程式主要是在众多的互联网公司、各国政府之间协商谈判以便确定与网络资源分配相关的基础性技术标准。

"网络空间治理"（Cyberspace Governance）则与此完全不同。前者是针对网络空间传播的内容和网络使用者的具体行为，直接规范或约束网络平台公司和普通用户，因此，它涉及的内容具体且繁杂，为此不得不赋权政府有关部门过多的权力，这很可能事实上极大削弱公民的法定权利。比较而言，"网络空间治理"引起的争议非常多。"网络空间治理"牵涉众多社会伦理价值，行政权力机关极易陷入如何公正评判这些社会伦理价值的旋涡之中，无法顾及有效的社会后果，目前多数发达国家主要侧重的是"互联网治理"，但也出现了开展或加强"网络空间治理"的呼声，而且已经有多个国家，例如中国、俄罗斯等国在"网络空间治理"方面走在了前面。2014年中国政府发起并主导了"世界互联网大会"，将浙江省乌镇确定为永久会址，每年举办一届。"世界互联网大会以及中共领导人在会上释放的信号就说明：中国意图成为全球互联网规则的制定者之一，在政治规则上强调民族国家主权，在经济规则上强调资本自由流动，屏蔽某些海外互联网服务的依据是前者，广泛吸收海外资本投资中国互联网企业的依据是后者。"[①] 在一个主权国家内，政治领域和经济领域若长期奉守两套伦理话语体系，显然会对国民形成稳定的伦理价值观造成极大困扰，也会严重损害国家政治合法性的根基。

不只是政府部门，网络平台公司若试图进入"网络空间治理"，也会带来无尽的麻烦。例如，中国知名的网络平台公司之一的百度就一直因竞价排名备受诟病。百度坚称，日益严重的垃圾信息是妨碍搜索引擎被公正使用的难题，百度每天封锁的垃圾网站达3万个。然而，百度的表面理由

[①] 王梦瑶、胡泳：《中国互联网治理的历史演变》，载《现代传播》2016年第4期，第132页。

是保证用户便捷使用搜索功能，实际上，百度是在用户体验和商业利益之间严重失衡。央视"新闻30分"栏目分别以《记者调查：虚假信息借网传播 百度竞价排名遭质疑》《记者调查：搜索引擎竞价排名能否让人公平获取信息》为题，先后对百度竞价排名商业模式进行了深入报道，揭露了百度竞价排名的黑幕。可见，百度的真实理由是彻底的实用主义，而非现实的后果主义，它完全无视公众的切身利益。虽然总有很多网络平台将自己打扮成公众利益的代言者，但虚假的"诺言"总会被识破，只要溯源网络平台的企业经营理念、内部考核机制，分析其多种实际做法之间的关联，就不难确定其真实理由。尽管我们不能要求企业以追求公益为第一目的，但企业对经济利润、市场回报的追求不能以牺牲公益为代价。我们承认，网络社会主体都有逐利的合理性，但这并不意味着不加限制的利润追求或者唯利是图都是可以接受的。

当然，在网络社会中的人并非原子式存在，网络吸引人之处恰恰在于：人们可以上网轻松地寻找到同伴，了解他人，确认自己的位置，网络社会就具有了公共性。网民不再只是被实体社会的分工或权力体系确定下来的农民、官员等，他们还具有了更为普遍的、共同性的身份——我们，"我们"可以为某个事件共同发声，可以因某个个人的不幸遭遇伸手援助他人。古代诗人梦想的"天涯若比邻"成为了网络社会每日发生的事实。"我们"这一新的认同身份注解了网络使用者的"在场"，"我们"提供了心理情感纽带，"在场"提供了现实化定在条件，对人类同胞、对其他社会成员的关注，使得弱后果主义是可以预期的。

应该承认网络情境促使一些常规的非道德行为具有了道德意义。例如，在现实生活中一个人自言自语、喋喋不休，那仅仅是他个人的事，对他人并无大碍。但在网络上，他不断灌水、发表情包、推送无聊的弹幕等，就是在浪费网络资源，浪费他人的时间，这通常会被认为是不道德的。那些随意发布的虚假信息、无聊信息，以及网上谩骂与人身攻击等，都将原本是个人的不良习惯转变为对他人的伤害或者对网络功能的误用，此时，个人自由与社会责任的深刻矛盾成为了一个非常严肃的道德问题。但也要防止一味地拔高网络用户的行为要求和意识水平。在笔者主持的实证调查过程中，就有受访者指出，"我周围的网民所表现出来的特征是每个人都显得是网络中的卫道士，大多数人都爱在网上发表一些特别正义的观点。对于一些丑闻、娱乐事件等他们往往采取非常严苛的态度来看待这些事情。如果用一个词来概括，就是'圣人'。"（女性中学教师，27岁）

（二）网络社会需要弱后果主义

网络社会是一个新生事物，不仅具有必然性，同时还兼有不断生成、变形的复杂性，学界对它的认识并不统一，甚至存在相互对立的观点。虽然有些观点已经被今日的事实证明过于乐观或者过于悲观，不再可信或不再值得关注，但观点的分歧并未终止。例如，关于网络社会中的无差别公开表达究竟是体现了群体智慧还是群体极化的问题，学界的分歧就十分明显。法国赛博文化理论家皮埃尔·列维（Pierre Levy）以高度赞赏的态度于1994年提出了"群体智慧"（collective intelligence）概念，他相信网络社会创造了人与人联合的新语境，众人的接替、参与、拼接创造了新的"知识空间"，这将带来更为广泛的决策参与、新的公民交往与社会互动模式以及信息的互惠交换。与此相对，芝加哥大学教授卡斯·桑斯坦（Sunstein）则表示了强烈的担忧，他在《网络共和国》一书中认为网络社会造成了"群体极化"（group polarization），网络社群中的成员最初就是因共同具有某种偏向而结群组队，在网络的群内或团体中一些持有中立或不同意见的人很快受到排挤，最终不得不退出，群内的观点更趋相似且极端，而且群内的成员只关注、搜集同类信息、网站和人群，这导致群内信息日益"窄化"，结果，借助互联网而走近的人可能持有的是更加极端的观点，并且因有类似他人的存在误以为此观点是唯一正确的、被很多人接受的观点，从而对此观点深信不疑、执迷不悟。这样的分歧表明我们对网络社会的认识仍未得到足够深入的程度，因此，有关网络社会的责任伦理需要根据后果的反馈适时地做出调整。

网络社会的不断演化、分形，增加了人们认识和了解的难度，这就使得放弃动机意图的关注、转向客观后果的观察、检验才是可行的。弱后果主义的提出正是基于网络社会的用户行为特点。网络技术提供的过多个人社会印记的屏蔽和身份简化极大提升了网络交流的效率，也减轻了网络用户的心理负担。正如麦肯纳和巴奇所指出的，"互联网作为一种交流的渠道，具备一种独特的，甚至是革命性的力量，表现为相对的匿名性，与此同时，人们可以相对容易地联系与自己具有相似兴趣、价值观和信念的人。""互联网交流的相对匿名性，身体和非语词互动的缺失，减少了许多具体环境的限制，有助于人们相互间更加容易地形成共享的信念和价值观。"[1] 不过，网络社会的持续发展已经显示，用户不仅会拉近距离，同样也会"谩骂""中伤"，网络信息每日爆炸式的出现，普通用户是难以理性地、从容地做取舍的，更多人会简单选择"路径依赖"，或者只信他信的人，或者随机选择，网络社会中的行为并非都是当事人出于严谨的理性自省做出的。不仅如此，克里斯塔基斯和富勒发现，网络社会中也存在亲疏差别，遵循"三度影响力原则"：在三度影响力之内，人与人处于强连接关系中，人与人之间的亲密度较高；在三度影响力之外，人与人处于

---

[1] John A.Bargh and Katelyn Y.A.Mckenna. The Internet and Social Life. *Annual. Review of Psychology*, 2014. 55:573-590.

弱连接关系中，人与人之间的亲密度逐渐减弱。[①]

即便这样，我们仍然可以勉力而为。针对一般性的共有问题予以伦理关切，提出可操作的行为指导，这是促进网络社会向善的一种努力。例如，美国南加利福尼亚大学曾发布了"网络伦理声明"（the university of southern California network ethics statement），在其中指出了六种类型的网络不道德行为：（1）有意造成网络交通混乱或擅自闯入网络及其相连的系统。（2）商业性地或欺骗性地利用大学计算机资源。（3）偷窃材料、设备或智力成果。（4）未经许可而接近他人的文件。（5）在公共用户场合做出引起混乱或造成破坏的行动。（6）伪造电子邮件。这个声明主要针对校内网络使用者，约束不合规、违背通行道德观念的行为，而且还明确提出要严格禁止上述六种不道德行为，因为这些行为严重干扰了正常的教学、科研活动，该声明倡议全体师生自主检视、规约自己的上网行为。该声明非常值得肯定之处在于，它不仅给出了值得谴责的不当行为类型，也提供了明确、可行的行为指导。尽管它的适用范围相对特殊，但它提出的道德要求是普适的，它也十分清楚无误地传达了在网络社会中用户们行为自律、勿伤害他人等具有普遍意义的伦理观念。可见，受限的、特殊空间的网络道德其实也关联着开放的、范围无限广大的网络世界的道德。

具体而言，弱后果主义责任将为网络社会中的各参与者提供如下四项行动要求：第一，权责对等。在所有的参与者中，政府主管部门与网络公司无疑掌握了排他性的专断权力，可以对网络社会的资源分配、架构标准等产生决定性影响，他们就理所当然地承担起更大、更重的责任。如何让他们落实这样的重大责任？仅仅是道德说教是不够的，必须诉诸社会制度

---

① ［美］尼古拉斯·克里斯塔斯基、詹姆斯·富勒：《大连接：社会网络是如何形成的以及对人类现实行为的影响》，简学译，中国人民大学出版社2013年版，第39页。

安排，对政府部门和网络公司推卸责任、不作为、乱作为等能够及时发现并有效制止。第二，保证网络信息交流的畅通。网络社会建立在信息技术基础上，以信息的传输、转换和接收为其主要存在方式，可以说信息既构成了网络社会的单元，也是网络社会的生命力所在，任何一项治理政策或一个技术开发都要以保证信息畅通交流为前提，否则就丧失了其合理性，也是失责的表现。第三，快速且便捷地做出反馈回应。客观责任的实质就是设置了明白无误的可行要求，与此同时给出了实施上述要求的辅助措施，"要求"实施的后果受到检验，"要求"实施者须对发出要求机构予以报告，及时的反馈不仅有利于当下要求的实施，而且可以为未来行动提供合理化建议。第四，自主行为应避免伤害性后果。网络用户若是未成年人，应受到监护人的保护，网络平台公司应设立内容审查部门，在技术上设置童保机制，防止未成年人轻易接触到色情、暴力等有害信息。面向普通成年人用户的网站、网页则应充分尊重成年人的自主意愿，并符合自负其责的行为能力。政府的网络监管也需要严格区分用户的类型，做出差异化管理。容忍成年网络用户多元化的审美观和道德观，成年网络用户的识别能力虽然有差别，但并非一定有高低优劣之别，而且成年人具有极强的学习能力，他们可以自主学习和提高，只要提供了相对宽松且足够充足的信息渠道，成年用户将逐渐学会鉴别并修正自身的行为。

互联网不是虚拟空间，现在已经进入到线上空间跟线下空间交替共在的阶段，这种毫无违和感的空间转换有助于回答一个长久困扰人们的哲学问题。我们经常说，人是社会关系的总和，人的本质属性在于他的社会性，然而，无论是农业时代还是工业时代，受制于技术和时空阻隔，人的社会性并未得到充分展示，互联网则构建了全覆盖式全球性社会连带关系，第一次真切地再现了人类共生共荣的社会连带本性。网络社会中的全部关系——电商与客户、信息的发布者与接收者、网络平台与网络使用者等——不仅是社会构成的，而且具有内在价值，属于本源性的关系。由于大数据技术的出现，人们在网络上的全部痕迹都会被记录、保存、汇总甚至被分析、评估，网络平台开发的新技术、电商推出的新营销策略都是借助你本人的上次消费记录，它不仅发生过，而且继续影响到你的下次消费。人们在网络上留下的痕迹，包括浏览新闻、购物、收发邮件、评论等等，都是具有现实意义的存在。可见，网络社会的人既是关系间的存在，更是"为我"的存在，他的全部行为轨迹被互联网记忆、抓取、组合成为了"现实""此在"的他。

在中国，引起人们广泛关注的主要是网络平台公司的责任贯彻不够到位的问题。例如，国内互联网企业广受诟病的是搜索服务中过滥的广告植入。国内搜索引擎主要有百度搜索、好搜和搜狗搜索，三者几乎占据了98%的市场份额。这三大搜索引擎有个共同的特点是推广链接多，少则三四条，多则上十条。除搜狗将"推广"二字明确标明外，百度和好搜的"推广"提示二字均比较隐蔽，很容易引发用户"误触"广告，浪费用户查询信息的时间，增加用户的使用成本，一些夸大其词的广告还会严重误导用户，造成误判。这些都给用户的正常使用造成极大的不便。与国产搜索引擎不同，谷歌搜索在个人电脑端和移动端几乎都没有推广链接，但其在2014年仍然在全球搜索引擎中占据了68%的市场份额，同时也拥有良好的口碑。国产搜索引擎迫切需要改进的一点是应当在利益驱使、职业道德以及用户体验等多个价值指标之间找到合理的平衡点。只有这样，才能妥善履行后果主义责任。

实体社会的传统道德的维护是以某一地域的人们的认同、遵循来维系的，在全球化、超时空的因特网上，这样的维系力量极大分散从而被削弱，而且文化背景和制度条件完全不同的人们在网上相遇，更可能导致大量的伦理冲突。在我们的实证调查中，就有受访者提出，"我对周围网民的总体印象是冷漠。网上会传出一些令人感动的或引起人们共鸣的事件，但是大部分人都是冷眼旁观，少部分人会激进地参与或谩骂，相当部分的人对网络事件还是看看就算了，会在私底下议论，但很少会在网上传播或在网上跟帖、讨论的。"（男性企业员工，27岁）人们在网上的合理行为是什么？这个问题需要在全社会做出广泛讨论，在得出基本共识之后才能形成多数人普遍接受的责任要求，这一过程恰好也是网民们自主成长、道德意识得到提升的过程。

三、国家／社会关系中的责任分界

网络社会的兴起带来了国家重建、社会重建的新任务。面对网络社会这一全新的世界，实体社会的国家和社会都要做出积极的调整才能接纳网络社会，并促成网络社会与实体社会的双向共进。具体而言，国家重建是如何在网络时代寻找国家权威的合法性依据，确认国家权威的新表达方式，树立新的、有弹性的国家行动原则。社会重建是如何在网络时代培育国民具有时代感的新认同，增加国民间的社会信任，获得更可靠的心理安全和满意度。不可否认，旧的国家权威合法性和旧的社会认同感都出现了不同程度的瓦解，这正是网络世界失范、失序的深层原因。然而，同样应该看到，互联网并非单纯的破坏者，它在破坏旧有秩序的同时也促成了新的秩序，它正在创造一个具有全球连通性和分权化特点的新经济体系和社会秩序。问题是：我们能否接受这样的新秩序，以及如何较好地完成新旧秩序的转换？

（一）现实主义的国家／社会关系

在网络社会的责任结构中，国家无疑居于主要地位，它的行动以及它对网络社会的总体制度预想都会极大影响网络社会的现状和未来走势。然而，国家并不是唯一的责任主体，社会同样是另一个不可忽视的网络社会责任主体，在一些事项和某些领域，社会发挥了比国家更直接、更有效的作用。国家与社会在贯彻网络社会责任上各具所长，不可偏废，只有它们二者各司其职，配合得当，才能构建起合理的网络社会责任体系，否则，就会出现责任流失（责任内容消解）、责任落空（无责任主体）、责任不对称（责任的后果及其评价不符）等一系列网络伦理方面的严重问题，致使责任伦理变成一纸空文。

有活力的现代国家总是因时而变，回应国民的需求而做出调整，但作为人造机构，国家就像市场一样也有失灵的时候，网络社会或许加剧了这一问题。国家为什么会在一些场合失效？我们知道，模糊性始终是国家有效治理的阻力和障碍，与实体社会相比，网络社会的模糊性更甚，这就使得单靠国家无法完成网络社会治理的重任，必须充分调动社会各界的力量，动员它们深度参与，才能获得健康的网络社会秩序。一方面，尽管国家的缺位会纵容某些消极后果的蔓延，然而，社会事实千变万化，经常快于且超出国家职能部门原本设想的范围之外，国家却无法掌握网络社会中的全部事实或实情，难以形成国家何时最佳介入的准确判断。另一方面，信息不完全或者信息偏差都极大增加了国家权力介入后果的不可预见性，相应地提高了公共政策的成本，一些缺乏民意支撑的公共决策极易遇到强烈的抵制，结果导致决策的失败。"在中国，互联网似乎扮演了这两种功能；它既是媒体的一种新形式，又是社团的一种新形式。互联网不仅仅是一种传播社会不满的沟通手段；它也有助于新的社会组织的形成。互联网是一个新的领域，国家和社会在这个新领域中互动、追逐着它们的利益。"相应地，"中国领导层不可避免地面临着双重任务。一方面，它不得不实施有效的政策来推动信息技术的快速发展；另一方面，它又不得不控制、监管和最小化由新技术带来的政治风险。但是，这两种任务并非总是协同的；更多的情况下，它们是冲突的。"[①] 如何管制网络从而既防止它的失误又保持它的活力，这需要的不是国家权力而是国家决策层的领导智慧。

在网络社会治理问题上，我们必须首先明确地划定国家权力的边界，尊重社会自发秩序，将部分治理空间转交给社会组织。那些具有竞争性和专业排他性的事项就不妨交给市场，这样，最终形成多元主体各领一方、协同共治的良好局面。这将极大减少国家与具体公民、个别社会组织直接对抗发生的几率，维持较高水平的国家公信力，从而在总体上有利于网络社会的长远发展。这正是网络社会责任伦理所倡导实现的理想状况。

法国社会学家布迪厄（P. Bourdieu）正式提出了"社会资本"概念，他把资本分成经济资本、文化资本、符号资本和社会资本这样四种形式，其中社会资本是指某个个人或群体凭借拥有一个比较稳定、又在一定程度上制度化的相互交往、彼此熟悉的关系网。科尔曼（James Coleman）进行了一些拓展，他认为，每个自然人从一出生就拥有了三种资本：一是由遗传天赋形成的人力资本；二是由物质先天条件构成的物质资本；三是自然人所处的社会环境所构成的社会资本。他主张从功能角度理解社会资本，社会资本主要存在于人际关系及组织之中，并为组织内的个人行动提供便利。美国社会学家普特南（Robert D. Putnam）将"社会资本"概念推广到政治学、经济学以及广泛的文化研究之中，他指出社会资本指的是个体之间的联系，他还区分了两种社会资本：一个是桥梁社会资本（bridging

---

① 郑永年：《技术赋权——中国的互联网、国家与社会》，东方出版社2014年版，第66、67页。

social capital），另一个是联合社会资本（bonding social capital），又被分别称为兼容性社会资本（inclusive social capital）和排他性社会资本（exclusive social capital）。普特南特别强调建设平行的而非纵向式的社会网络。因为纵向式的垂直网络可能维持一个集团内部的合作，其规则往往倾向于排他，所以难以跨越社会分层，建立更广泛的信任与合作。要充分肯定民间自发结社对社会信任产生的重要意义。政府不仅不是社会信任的提供者，相反，政府的不当行为经常会成为既有社会信任的破坏力量，所以，"当我们考虑经济恢复对社群的影响时，我们必须权衡一下破坏社会资本的风险。"联合国开发计划署（UNDP）也接受了社会资本的理论，重申：只有建立在民间团体和组织所达成的协议的基础上，社会资本才可能是稳定的。

普特南的结论也被一系列事实所证明。例如，1991年世界价值观调查的证据表明：在调查的35个国家中，社会信任与社会参与紧密相关；在一个社会中其社团成员的参与密度越大，公民的信任度越高。信任和参与是同一个因素——社会资本的两个不可或缺的方面。

社会是个有机体，社会成员通过不断地显身在场和互动交往不仅显示自身，获得了自己的社会关系、社会角色和社会存在，同时也促使社会充满活力，成为具有文化、价值等多重意义的实体。这需要时间的积累（持续长时间的传统积淀）和空间的互动（空间限定的共同体得以形成），因此，社会包含了多重结构，是不同人群的习惯、风俗的重叠以及多元共同体的交错共在。网络社会也不例外，网络社会的成员（所有使用网络的人）在足够长的时间内的相互作用，沉淀下各自的网络文化、网络价值，不同分层、分类的网络共同体深度交往与互动，才会逐渐形成总体的网络世界的社会信任，最后达成网络社会的深度勾连，由此型塑出网络社会资本，易言之，其过程将是：多节点、有机的网络参与→小范围、低水平的网络信任→规范式、共在的总体网络社会资本。

网络正在赋权社会成员个体或群体，实际上，这也预示着社会权力的扩大，国家权力应当适时作出调整或让步，为国民能够自决、自主完成的事项开放更大空间。约瑟夫·奈曾不无远见地指出，与"雄厚的资本"相比，"丰富的信息"已经成为了一种新兴的关键性权力资源，正在改变传统的权力格局。[①] 通过即时性、交互性、开放性的网络平台，铺天盖地的信息不断发酵、放大，冲破时空的界限，将世界联为一体，信息呈现出自身势不可挡的影响力。"网络赋予了公众信息权力，赋予了网络意见领袖话语权力，这两种权力都不是虚拟的，当其从线上发展到线下的时候，会产生实实在在的现实影响力。"[②] 面对从网民中不断新出现的现象，特别是伦理属性不明、道德影响力不清的某些现象，即便是学富五车的专业人士在短时间内也难以给出清楚的判断，但我们不必苛求他们，国家有关部门完全不必过于着急下定论，相反，应当耐心一点，宽容一点，因为创新和人类未来新世界或许就由这样无数普通人的每日尝试中产生，总之，"我们最好不要任意制定任何一种固定的标准，因为今天听起来很合逻辑的做法，明天可能就会变成荒谬之举。"[③]

与中国网络社会一道走过了从无到有、从小到大历程的广大普通用户都有深切的感受：无数的网络用户之活跃表现，使得网络社会不再小众或虚无缥缈，每一个网络用户都是构成网络社会的现实力量，因此，美国《时代》杂志将"你"（You）选为2006年度人物，印在了2006年12月25

① ［美］约瑟夫·奈：《硬权力与软权力》，门洪华译，北京大学出版社2005年版，第105页。
② 宋辰婷、刘少杰：《网络动员：传统政府管理模式面临的挑战》，载《社会科学研究》2014年第5期，第24页。
③ ［美］尼葛洛庞帝：《数字化生存》，胡泳、范海燕译，海南出版社1997年版，第57页。

日的封面上，同期的一组文章阐释了为何"你"成为了年度人物，"我们不光是看客，我们还工作。疯狂地工作。我们撰写自己在Facebook上的简历，制作Second Life的个人头像，在Amazon上写书评；同时还录制播客节目（podcast）。我们写博客，讨论关于我们支持的候选人竞选失利，我们自己写歌，抒发被心上人抛弃的心境，我们用家庭摄像机记录下空袭的实况，我们还编写开源软件。"①每一名网络用户绝非匆匆而过的游客，他们不仅会留痕，更会对一些他们关心的事项发声、聚集，他们组合而成的"公众""民意"也在改写文明的进程和人类的历史。"我们还可以说，不仅过去的一切媒介是互联网的内容，而且使用互联网的人也是其内容。因为上网的人和其他媒介消费者不一样，无论他们在网上做什么，他们都是在创造内容。"②每个进入网络空间的个体都自动成为了网络社会的"产消者"（Prosumer）。

"全民普惠原则"曾是国家网络建设的首要原则，但要达到人人利用信息资源的平等化，却不是一件仅仅随着技术进步就能实现的事，因为它还与社会的总体结构紧密相扣。然而，如果不能做到信息网络的全民化，就会造成人们利用信息能力的不平等，这显然是有悖于网络伦理的。国家的责任是消除制度性不公，但在消除不公的过程中，还需要社会、企业、个人等多个群体的协作。

（二）国家与社会在网络社会中的各自责任

网络社会是人们基于一定的利益与需要（资源共享、互惠合作等目

---

① Lev Grossman. You Yes，You Are TIME's Person of the Year. Time. http：//content. time.com/time/magazine/article/0.9171.1570810.00html.

② ［美］保罗·莱文森：《数字麦克卢汉：信息化新千纪指南》（第2版），何道宽译，北京师范大学出版社2014年版，第104页。

标）、自主自愿地互联而形成的，在这里，每一个人都既是参与者，又是组织者；或者说既是"演员"，又是"导演"。也正因为网络是人们自主自愿建立起来的，人们必须自己确定自己干什么、怎么干，并且同时要"自己对自己负责"，"自己管理自己"。但网络社会并非单一线性的局面。在网络建设之初，信息量较少且杂乱无章，此时就有许多网络人士无私地大量上传有用信息，也有人站出来为那些杂乱无章的信息资源建立管理程序、编制各种实用软件，以方便其他网络用户，特别是那些不太熟悉网络的人访问和运用网上资源。此时的网络活跃人士只是少数具有英雄主义情怀的人，如技术精英等，相应地，此时的网络精神就是自由、开放、分享的。但随着商业资本的大举介入，网络越来越商业化了，专业化的网络公司越来越多，竞争也日趋白热化，"独行侠"式的网络义士被"绞杀"。然而，这些现象很可能是网络社会的试错，我们应对此保持更高程度的宽容。正如有学者所指出的，"互联网构成了一种新的传播方式，为公民提供了互动的非等级制的全球性媒介。作为仍在发展当中的参与性最强的大众表达方式，它应该受到更大的鼓励，获得更大的空间。为此，对网络言论表达的限制应该明显低于对传统媒体的限制。"[1]

国际上，也有许多组织在营建有别于国家、自主自决的行业专业协作机构，解决人类共同相关的网络领域的事务，特别值得一提的就是ICANN。ICANN是"互联网名称与数字地址分配机构"（Internet Corporation for Assigned Names and Numbers）的缩写，它于1998年正式诞生，是一家号称"全球性的，不以营利为目的，谋求协商一致"的组织，组织成员包括地区互联网地址登记机构、技术联络组、科学研究人员、利益集团代表等众多行为体，它被视为互联网中技术、商业、政

---

[1] 胡泳：《中国互联网立法的原则问题》，载《新闻爱好者》2015年第8期，第57页。

治派别及学术团体的联合体。ICANN的设立是为了平息各国对于美国独掌互联网的指责，也可以避免私人机构仰赖个人管理而无法避免的随意性。作为一家非营利的国际组织，ICANN通过设立董事会和若干咨询委员会①的方式，在形式上实现了网络治理的国际化，使自身成为了全球性的协调机构。ICANN在全球向其成员提出，尊重网络技术的特性，努力接受互联网新思维。ICANN明确反对"监管权"（oversight），主张"管理权"（stewardship），提倡互联网治理的"多利益相关者"（Multi-Stakeholder）模式。2016年10月1日，ICANN在其官网上发布声明，宣布该机构与美国商务部关于互联网数字分配局（IANA，Internet Assigned Numbers Authority）的管理权合同正式到期。声明称，这是全球互联网治理的历史性时刻，标志着自1998年以来将互联网关键资源协调和管理的权力移交给私人部门的进程得以完成。ICANN发端于美国，并且很长一段时间受到了美国政府的扶持，它的独立性也因此受到了质疑，但2016年的这个声明表明它已经完成了身份转型，摆脱了美国政府的操纵，这一转变在国际上广受好评，因为独立的、非营利的第三方机构更可能为全球网络治理提供公平的责任分担体系。

就各国的网络治理经验而言，存在不同的模式。英美推崇网络空间中的自律，通过行业协会和社会组织予以倡导具有一定共识基础的行为规范，决定权交由网民。除了未成年人，所有成年人都被假定是有基本鉴别力和自省精神的，能够做出合理的行为决定，行为决定的后果及责任也由个体承担。欧洲大陆主要国家（例如德、法）则侧重法律的作用，将事关重大、涉及众人的事项借助部门法、专门法明文规定下来，违反了上述法规将被惩处，反之，"法无禁止即为许可"，网民们的自由度较高，就内

---

① 例如其中有政府咨询委员会，主要成员来自于美国以外的其他国家。

容而言，责任主要是法定责任，即现行的正式成文法规的明示要求。还有一些国家，包括新加坡、沙特阿拉伯、巴基斯坦等强化政府的主导作用，在已有的法律之外，政府的行政政策、公文、管理办法等公开发布，一旦公之于众，政府有关部门就可据此对违反者做出处理，网络社会治理的主体和责任落实的主体均为政府。由上不难看出，各国网络治理模式的差别是与各自的国家与社会关系的性质直接相关的。如果有独立的司法机构和得到严格遵守的法律，才有望建立"责任政府"，将国家与社会的各自权力及其责任明晰化，此时，政府即便介入过多也可以以现实化的方式落实法定责任，否则，仅赋予政府治理的权力却不建立起相应的独立司法机构，政府的权力就会被滥用。

"网络化事实"（networked facts）是网络社会的一个显著表现形式，它的一个特点是"大到不可知"（too big to know），网络每日发布了太多的信息，是我们不可能全部知道的，由于精力和能力所限，我们不可能对网络生活世界正在发生的事件获得全部的了解，这就意味着，不做出必要的筛选、过滤，我们就会迷失在网络信息的汪洋大海之中。"网络化事实"有别于实体社会传统的知识、事实，它增大了网络治理的难度和不可预见性，这对国家和社会都是一个全新的挑战。安德森在《长尾理论》一书中指出，"过滤器"并不是互联网的特有功能，它可以帮助人们发现比传统大规模传播渠道中千篇一律的东西更具吸引力的新产品和新服务。因此，"在一个无限选择的时代，统治一切的不是内容，而是寻找内容的方式。"① 然而，知识的守门人或者说信息的过滤器依据什么标准设置才是符合各自责任的呢？用户是否保留自主过滤的选择权呢？"好的信息"

---

① 此话实为Listen.com创始人之一罗布·里德（Rob Reid）的观点，安德森在书中做了引用。参见［美］克里斯·安德森：《长尾理念——为什么商业的未来是小众市场》，乔江涛、石晓燕译，中信出版社2015年版，第120页。

或"坏的信息"就像"有用的信息"或"无用的信息"一样，有着非常强烈的主观色彩，某个机构的好恶为什么就可以左右网民的喜好？这些问题都关涉网络伦理核心的原则，值得我们深思。

我们在第四章提到了"互联网思维"，它或许将对既有的认识论、人类思维逻辑等提出颠覆性冲击。互联网思维的一个重要内容就是从因果关系推理转向了关联关系思维，各种信息、数据的叠加，逐渐还原"真相"，复写出"事实"，"还原"或"复写"是计算机自动抓取或合成的，完全不用人力、脑力介入，同样，所得出的"真相"或"事实"只不过是信息、数据的堆积、重复和加总，并非就是"真相"或"事实"本身，而实际的真相或可能的事实却永远被掩盖在数据、信息的汪洋大海之中。网络实际呈现出来的"事实""真相"不过只是屏蔽之后部分的、拼接出来的"事实""真相"，绝大多数非现场的用户看到的只是转发、跟帖、修图后的"事实""真相"。人们只能由可获得的、被追踪的无数片段来推测，得到的只是或然性而非确定性，接近、模拟但远非真相或事实本身，故此，网络社会又被称为"后事实世界"。以往的国家决策或社会组织的行动方式都将不得不在网络社会做出重大调整。这也是我们思考网络社会责任、网络伦理时必须正视的一个重要现象。

第六章

现代化进程中的网络责任伦理构建

对于正处于现代化进程之中的当代中国而言，网络社会的出现是一个千载难逢的机遇，若能构建起合理的网络社会治理体系，从而将网络责任伦理贯彻其中，由成功的网络社会治理带动整个社会治理的现代化，形成包含网络治理在内的社会治理之中国方案，我们就可能实现"弯道超车"。作为发展中国家的模范生，我们将后来居上，借助落实网络社会责任，同时革新实体社会中的不合理规定，提升社会治理的效率，全面实现网络责任伦理的预期目标。由此，责任伦理的种种规定由观念走向定在，客观化为社会领域的程序、规则，让民众对幸福生活的向往以看得见的方式体现在日常生活领域的方方面面，成为每日生活的现实。在本章，我们将从网络责任伦理的生活来源、网络责任伦理的现代性关联、面向未来的网络责任伦理三个方面做出具体讨论。

一、网络责任伦理的生活来源

与古代农业社会不同，现代社会已经在很大程度上摆脱了宗教、宗族的思想束缚，进入到世俗化阶段，现代社会中的责任要求在内容上是从人的日常生活，即从生活世界寻找依据的。在给定的社会条件下，国民活动的日常性和生活性，换句话说，"每一天都发生"的无条件的持续性或"绵延"（吉登斯语），提供了现代责任的合法性来源。这样的现代责任之具体内容突出体现在一系列的生活场景的变换而保持恒常不变的"常理""定规"，它是对国民总体存在状态的伦理价值设定，强调的是国民与其直接环境（生活场景）的密切关联。总之，现代责任的属性是公共的、客观的和国民生活导向的。网络责任也不例外，它与网络使用者的日常生活紧密相关，只有深入无数普通网民的日常生活才能深刻把握网络责任的实质，牢固确定网络责任的根基。

（一）日常生活与现代伦理

现代社会的世俗化不仅将伦理的依据还原到日常生活世界，而且将国民、公众从芸芸众生、沉默的大多数提升为现代伦理的主体之一。传统农业社会的伦理权威，如皇权、教权、族权、夫权等都受到了无情挑战，影响力大大下降，在现代日常生活世界，任何一个人都必须习得起码的礼仪、知识、规则、掌握相应的能力以便应付复杂的社会生活，这样的技能、知识及其伴随的情感、态度都直接构成了特定共同体、整个社会中活生生的国民之立体图画，成为该社会全部伦理要求的现实基础。

从人类的伦理思想史上看，有关伦理的理论正是对生活世界的伦理经验做出的总结。在古希腊，"伦理"（ethick）是对生活习惯、地方习俗（ethos）的概括，亚里士多德最早对它做出了理论阐述，创立了"伦理学"。通过伦理学的学习，培养合格的公民，当他们参加城邦政治事务时就可以胜任相应的要求，从而保卫城邦，为城邦的发展壮大做出贡献。中国古代伦理思想与此略有不同。古汉语的"伦理"是对伦常关系应当如何的规定，因为是借儒家经典文献和礼制规定来体现的，又被称为"纲常名教"。一些人仅仅停留在纲常名教的具体要求上，却忽视了这些要求背后是对"三代"以来社会成员关系（主要是精英阶层）、社会交往（主要是上流社会的循礼行为）的记载，"礼不下庶人"讲的就是这个道理。对庶人、黎民百姓采取的是"教化"，一种说服、感染和约束、限制并重的柔性规训。古希腊时期的"伦理"虽然有对公民日常生活的肯定，但这样的公民只是城邦人口的极少数，他们是占据特殊法律地位的自由民，那些占人口多数的奴隶、妇女、儿童、侨民等都被排除在外，因此，古代社会或农业时代，并不存在统一的社会伦理，不同阶层的人们遵守不同的伦理要求。

现代社会有了翻天覆地的改变。社会的影响力急剧提高并最终独立，获得了区别于国家权力的社会权力，社会和社会权力都依托的是广大普通社会成员，社会成员的结社权、集体交涉权等一些现代基本权利的部分让渡，社会才由此得到了无法忽视的独特权力——社会权力，因此，日常行为的发育水平与该社会的发展程度和个人的展示水平之间建立起了极高的相关性。

我们可以将社会成员的日常行为分成静态和动态两种类型。静态性日常行为指那些基本能力、方式和程序都已经在成人前完成的行为及其伴随的观念，这些行为与地方社群、文化传统和个人的族群认同相关，因此，这类行为相应地获得了某些专属能力、观念，例如，掌握母语从而自如地用母语交流、表达的能力；对亲属关系认同方式；接受所属群落的行为及观念等。动态性日常行为则指因后天个人努力和社会所提供机会而得到不断改变的行为，例如，在异地求学、就业、落户等变迁都会使个人重新结成新的伙伴关系，进而带来原有行为方式的变化；工作单位的转换，会使一个人对社会的认识发生改变，不同的职业角色也会对他提出不同的行为要求。静态性日常行为与动态性日常行为的重要区别在于，前者所表现出的行为、人际关系、相互作用与个人出生的关联十分密切，打上了血缘性、地域性、必然性的烙印；后者所表现出的行为、人际关系、相互作用则处于流动、偶然性之中，个人必须不断学习和适应，因此他在此间的"个性"变得模糊，突显的只能是公共性。传统农业社会以前者为主，现代工业社会以后者为主。

日常行为的最重要功能是确认社会化中的自我。在这个过程中实际上包含了具体国民在角色展开时遭遇到的内在矛盾：一方面国民个体介入日常行为，他作为独立的人可以选择、取舍或决定，因此他可以与其他国民保持距离或相对分离；另一方面，个体之所以被视为个体恰恰是因为他借助日常行为与其他国民发生作用，若没有其他国民，他的"社会自我"就无从体现，更不可能存在；同样，若不是借助日常行为，他的"社会自我"也就缺乏现实性，因此，通过日常行为，国民不仅直接"创造"了自我和他者的关系，而且间接"再生产"了社会及其关系。任何一个普通社会成员与自然状态中的原始人不同之处恰恰在于，前者已经挣破了片面的排他主义情感和自我主义束缚，不仅在观念上意识到他人的存在，而且在行动上接受他人存在的事实，从而自主地培养起与社会共同体相一致的态度。上述矛盾是在现实的行动中得到解决的。一个阶段的解决之后会在下一个阶段面临新的矛盾呈现方式，人与他人（或社会）的关系就是在这样的矛盾出现—解决—再出现—再解决的无限进程中展开的。

现代规范伦理学主张，"伦理"只是可行的生活方式或久已奉守的共同体惯例、传统的映照。这一观点不仅具有历史事实的支撑，得到了各地、各类人群的经验生活验证，而且也被许多社会科学理论和政府决策视作重要的价值依据。"公序良俗"这一表述就是伦理生活论的直接例证。如果坚持伦理生活论，那么，合乎逻辑的结论就是：伦理是生活中的人们所逐渐沉淀下来的善恶价值的持续观念，即历史绵延中的传统，伦理是为了人们顺利完成生活中各事项而生长出来的自然法。由这条基本原理又可以推论出：其一，伦理属于地方性知识，与特定地域的人群高度关联，因此，伦理是因地而异的，所谓"十里不同风、百里不同俗"；其二，伦理是靠口口相传的故事、传说和年年重复的祭祀、庆典来记忆和传承的，伦理存在于民间文化之中。

现代社会也有自身难以克服的价值危机。早在19世纪末尼采就喊出了"上帝死了"，他警醒世人：世纪之交的社会巨变导致人类失去了绝对可靠的权威；20世纪初，海德格尔对现代技术的批判提醒人们防止被技术殖民的威胁；20世纪中叶哈贝马斯呼吁关注巨大组织（包括政府组织和跨国公司）造成的公民个人的分离，提出"交往理性""商谈伦理"重建人类社会生活的共识，等等。这些思想家都深刻地洞察了他们各自所处时代的重大风险，这些风险的存在一方面暴露了现代社会的种种弊端，另一方面思想家也以自己的独立思考为人类提供了走出现代社会风险的可行通道。正是有了这些特立独行、真知灼见的思想家发出的醒世恒言，许多人受到触动积极行动起来，做出了各种社会改进和制度革新，这在相当程度上减轻了现代社会的风险，大大推迟了危机的发生。与农业时代的封闭、集权相比，现代社会的开放、平权结构同时为自己提供了较强的自我更新、自主修复、再造之功能，换句话说，现代社会动员起了全体社会成员，将社会的基础扎根于广大社会成员的日常生活之中，这正是现代社会及其伦理的活力所在。

（二）网络日常世界与网络责任

网络日常世界其实就是使用者在网络世界中的日常呈现，一方面是他们每日都上网、联网，浏览网页、收发信息、获得资讯，这些生活日常成为他们的此在和定在，显示了他们与网络世界的深度关联，以及他们自身存在样态的普通和平凡；另一方面是网络世界因无数使用者的各种使用方式，成为了使用者理解自身、他人和周遭环境的重要渠道，网络世界是网络使用者的社会结构化，同时也是他（她）的自我认同，不过，网络世界中的自我认同更为复杂和多元，这或许导致了网络社会中的自我认同的碎片化。如果这样的碎片式自我认同超出了网络社会，成为了未来社会的常态，哲学、社会学和心理学的很多既有理论都将被重新书写。

需要说明的是，"网络日常世界"首先且主要是一种存有论意义上的描述，只有充分承认网络日常世界的真实性、客观性，对网络日常世界中的人们及其行为、发生的种种现象才能做出符合事实的确认，在此基础上，采取的行政管制、司法调节等手段才可以做到有的放矢而且事半功倍。不过，我们也注意到，在为数不少的政府公文中，对"网络日常世界"主要从价值论层面下判断，"从官方文件或宣传的话语中，用户同时被建构成两种形象：潜在的受害者（会被'不良信息'毒害，需要不断地被教育、被引导），以及潜在的威胁（发表不负责任的言论，甚至有少数是'别有用心''有意破坏'的人）。整治行动正是这样来看待和对待用户的。"[1] 由于未能首先对网络社会做出实有论的考察，未能深入网络日常世界，基于上述价值论的网络行政监管的成效就大打折扣。

我们在上文指出，生活伦理与人的地域、族群有关，因此，人群之间所持有的文化传统、宗教信仰、价值观念和生活方式等各不相同，伦理道德规范体系具有强烈的地域性。然而，互联网却把不同国家、地区的人们瞬间联结起来，并让他们共存于同一个时空之中，从而将不同的宗教信仰、价值观念、风俗习惯频繁而清晰地呈现在彼此相异的人们面前。这样，一方面，可以使不同的人们通过学习、交往和对话等增进彼此间的沟通或理解；另一方面，也可能直接导致各种文化价值观念的正面冲突，而且这些冲突、碰撞日益经常化、表面化。例如，在色情服务合法化的国家，网民可以在网上公开发布、张贴色情资料，招揽色情服务，但是，那些对此难以接受甚至视为不道德的国家中的人们，则强烈反对网上色情泛滥，要求给予全面彻底的取缔。这样两类人的观念分歧短时间内难以协调，他们的直接冲突势必发生，他们会将彼此的行为和观念都视为"邪恶的""无法饶恕的"。

---

① 何威：《网众传播——一种关于数字媒体、网络化用户和中国社会的新范式》，清华大学出版社2011年版，第216页。

不可否认，网络日常世界有许多未曾见过的新现象，而且还在持续演变中，我们至今都不能说对网络日常世界有了准确认识。例如，工作场所是成年人社会交往的主要场合，但在高度信息化的社会中，"在家办公"、网上学校、电子商场、电子银行等相继出现，导致了上班与下班、工作与休息、公共空间与私人空间等曾经比较明确的界限在网络社会都消失了。网络社会也重新注解了"亲疏"，网上的留言、视频是否等同于线下的见面？人与人之间面对面的交往机会大为减少，人们终日与电脑终端打交道，有太多的人将太多的时间耗费在电脑前，他们在网上的"活跃"只是虚火，导致的结果可能是对现实的麻木、冷漠和无动于衷，人与人之间关系疏远。尤其是，过度沉溺于虚拟环境，会失去人的许多真实的感情，更严重者患上"网络综合征"。网络上谣言四起，语言暴力、侵犯隐私，过去可资信赖的真假判断的方式和手段，如文字、图像、他人的证言等，在网络社会都变得不靠谱、不可信。此外，网络社会中的许多人是以"符号"身份、在"缺场"的情况下进行交往，当事人感受不到对方作为一个活生生的人的反应，往往会做出一些在物理空间难以做出的粗暴、无礼的行为，甚至认为盗窃、入侵等犯罪也不过是敲击了几下键盘、点击了几下鼠标而已。

有人主张将现实社会与网络社会严格区隔，各自奉守两种不同的伦理标准，其依据之一就是，网民对待网络社会中的黑客与现实社会中的窃贼怀有两种截然不同的态度。网络黑客往往在网民不知情的情况下进入网民的电脑系统，攫取网民的私人信息，或肆无忌惮地植入广告、修改数据等。从某种程度上，黑客的此类行为与窃贼的入室盗窃别无二致。可是，人们对盗贼是恨之入骨，人人喊打。与之形成鲜明对照的是对待黑客的态度，人们对他们表现出更多的宽容，有时还夹杂些许赞羡与崇拜。然而，这主要是因为两类行为的具体实施方式和手段非常不同，而不是评价行为的伦理标准不同。这两类行为都是属于败德、违法的行为。

美国弗吉尼亚大学技术文化与通信系应用伦理学教授黛博拉·约翰逊（Deborah Johnson）在《计算机伦理学》一书中指出，网络伦理研究面对的是新问题，因为网络引发了新型的、有别于传统道德的问题，人们越来越不自信：对这个未知世界是否能够继续沿用传统道德规范。但他同时也指出，网络没有引发全新的道德问题，而只是扭曲了人们早已熟知的伦理问题。就网络使用者的主体性而言，网络伦理的核心是树立伦理思维、充分考虑人的道德需要和伦理价值追求，对于网络社会治理而言，有关部门则应当将此贯彻在有关网络社会的全部政策之中。在行政政策上，网络监管或规制都要突出伦理的规范指导。此外，在技术开发和应用上，应当使"人—机"系统中对机器的道德预设成为可能。总之，网络社会必须充分体现道德合理性，明确地把"人是目的"的伦理意识贯彻其中。

当自媒体构成了当代网络日常世界的常态时，网络社会的权力结构也发生了改变。自媒体的出现，深刻地改变了互联网媒体传播和获得利益的形式。由于传播成本相对低廉，使用方法极为便利，互联网使民众参与的积极性大大提升，为广大民众的个人表达和集体表达创造了条件。"在传播方式层面，互联网颠覆了传统媒体时代纵向传播占据主导地位的传播方式，重构了一种以横向传播为主的新型信息传播模式；在内容产制层面，互联网打破了传统媒体内容生产中的时效观和职业记者的信息把关权，重构了一种动态时效和用户参与内容制作的内容生产模式；在经营模式层面，互联网颠覆了传统媒体原有的经营模式，正在重构一种'用户为王'的、多元的、融媒体经营模式。"① 社会信息的横向流动又进一步打破了实体社会领域相对固定的权力生态，然而，因自媒体结成的熟悉的伙伴关

---

① 卢家银：《互联网对传统媒体的颠覆与重构》，载中国网信网2015年12月11日。

系，也会进一步形成各种同质性群体。此外，自媒体在赋权普通用户社会参与的同时，也可能掩盖了人们自我认同的焦虑。美国心理学家雪莉·特克尔指出，因为要证明自己的存在，在数字世界里人们不断分享、不断交流，但事实上，这种对交流的渴望表达了人们害怕孤独的焦虑，却不能解决任何实质问题，相反，它使人们与外界更加隔绝。"当一个人的身份因此而变得多样化时，就会感觉自己是若干个身份流动、集合成的'整体'，而不是某一个单独的身份。如果我们能够在众多角色中自由游弋，我们就找到了'自我'。"①

不过，网络传播并非在真空中，它同样也面临着发展的瓶颈和现实社会人们的抗拒。在中国为数不少的网络使用者在网络发声或表达时通常会用语更偏激、态度更亢奋，这显然是不正常的，但这种病态的根源不在网络，很可能来自线下的现实世界。网民群体普遍存在高度的身份困惑，迷失了人生方向，不知道"我是谁"，更不知道"我们是谁"，他（她）没有归属感，所以乐于在一切有关无关的事情上发声表态，以显示存在，掩盖内心的不安全感，化解实体世界中的无根、无力感。网络传播的作用被放大，带给人们不切实际的厚望，一旦发现厚望落空，则会发泄出更大的激愤、不满，因为仅仅一味参加社会活动，在社会事件中发声，并不等于个体的心智成长，特别是自我认同的完成，健全的自我认同需要一个内在的自我对话。"反思式地组织起来的生活规划是自我认同的核心特征，只有通过反思性的活动才能建立自我认同，因此，缺乏反思性规划的自我不仅无法使主体确证自我的意义和价值，带来本体性安全，而且会创造出新

---

① ［美］雪莉·特克尔：《群体性孤独：为什么我们对科技期待更多，对彼此却不能更亲密》，周逵、刘菁荆译，浙江人民出版社2014年版，第207页。

的不快和焦虑。"①

当然，网络日常世界也处于变动不居之中，其呈现出来的外部特征也有显著的时代、地域差别，这既折射了技术的快速迭代更新，也映射了国家制度和行政管制带来的影响。在20世纪80年代初期，美国的西部行为科学研究院发现，"网上交流是理想的思想对话的节奏，参与者有更多的时间掂量回应，持久的文字记录，全球范围的参与——所有这些特点结合起来，使网上研讨会比典型的面对面会议室更加多产。"② 进入21世纪之后，人们又发现，网上交流不仅未必总是高效的，更不等于就是理性的，网络社会没有抹平人们之间的分歧，相反，可能强化甚至固化了分歧并将分歧本身正当化。越来越多的经验现象表明，"网络在一定程度上映射着人们在现实中的社会阶层，虽然也有一些个体因为某些原因在网络中获得超出原有社会阶层的话语权，但总体来看，人们并未脱离原有的社会阶层框架。人们在网络中所关注的信息与话题，在网络互动所表达的意见与立场，以及所传达的焦虑，总是与其所处社会阶层相关。"③

上文曾提到的"互联网思维""网络化事实"，都是网络日常世界的一部分，它们都对既有的认识论提出了挑战。传统认识论认为正确的知识来自于两个不同但又关联着的渠道：一个是理性，一个是感性，经受形式逻辑的检验，符合因果律、同一律、排中律之后的知识才是真理，即正确的知识，否则就是错误的知识。在认识论上的真、假判断是唯一且清晰的。然而，网络社会中的日常世界大量堆积的却是或然性知识，这些知识

---

① 田林楠：《自我认同危机与社交网络中的自我呈现》，载《福建论坛》2016年第1期，第154页。

② ［美］保罗·莱文森：《数字麦克卢汉：信息化新千纪指南》，何道宽译，北京师范大学出版社2014年版，第224页。

③ 彭兰：《连接与反连接：互联网法则的摇摆》，载《国际新闻界》2019年第2期，第30页。

出现的频率高、重叠度高，但构成知识的信息、现象都只是概率性关联，并不是必然真，即便包含了部分"知识""真理"也无法提供确切无疑、普遍有效的行动指南。网络世界中经常发生的"剧情逆转""人设坍塌"就是真实写照。这或许也是一些社会学者笃信网络社会真正为自我认同提供了可能的部分原因，身处缺少明确真、假值的网络世界，个人的自主性就得到重申，为此，个人的责任也变得尤其重要。网络社会的责任，或者说网络责任其实首先是个人的责任，个人对其参与和利用网络世界的言行负责。本书反复申明，责任伦理才是网络伦理的主要表现形态，根本理由也在此。

二、网络责任伦理的现代性关联

网络社会的兴起，强化了个人获知各地资讯和行政机关公告的知情权，从而赋权个人参与社会事务，这使得网络责任主要呈现出个人自负其责、风险自担，个人的主体性和自律性也在履行责任的过程中得以体现。非政府组织在网络社会的活跃和责任分担，也是一个值得关注的现象。经过20世纪80年代"社团革命"的洗礼，各类非政府组织（NGO）得以在全球扩展，人们对非政府组织的认识也进一步加深。非政府组织落实了公民的社会参与权利，行使了社会治理的权力，弥补了"市场失灵"和"政府失灵"，这将有助于建构符合现代社会交往、多元共治的治理体系。与传统农业社会相比，网络责任伦理强调的是责任实施的后果，而非主观意图；与现代实体社会相比，网络责任伦理侧重的是责任实施过程的结构化，即建立起多元主体互动的治理体系，在其间各方既有所分工，又相互平衡，将责任镶嵌于充满活力的治理体系之中。因此，网络责任伦理不仅再现了现代性的诉求，而且解决了现代社会困扰人们的参与成本、交往共识预设、人际合作的监督障碍等方面的问题，促使责任由个体为主的客观模式向共担的客观模式转化。

（一）网络责任伦理的现代性

时至今日，人们已经越来越清楚地认识到：网络社会也非铁板一块，不仅存在明显的代沟、年龄层差异，也存在社会阶层、职业的差异，充斥的是人各有群、人以类聚的似曾相识的场面，人们总是借助网络强化自身原有的特性，寻找与自己相近的人，网络提供的无限可能却因人的认知局限和理性不及对具体的当事人而言仍然不过有限的"此在"和熟悉的"定在"。网络社会不仅没有消除人们之间的差异，相反，强化了这样的差异、对立，这被称为"网络极化"现象。一些人因看到网络上也有与己持相同观点的人，从而"合理化"自己的观点，更加坚信自己是对的；同样，人们大多习惯从认识的人那里、以熟悉的方式获取资讯，结果，从未接触过的人或事不太容易被接纳。与已有认知不符合的现象被选择性排除或视而不见，网络社会中的阶层、误解虽然不是实体社会的简单复制或移植，但至少保持了高度的相似，网络社会同样存在"区隔"，人群之间的身份、职业、阶层等差异牢固地存在并发挥显著的作用。上述现象的存在一方面增加了网络社会落实责任伦理的难度，但另一方面也提升了贯彻责任伦理的必要性。正确认识个体地位和社会互动关系的约束，这是网络责任伦理的现实基点。

在西方发达国家，自20世纪70年代开始，出现了三种相互强化、相互联系的社会演变推动力量：信息技术革命（冷战所产生的非预期后果）、福利资本主义或国家资本主义的经济危机，以及新社会运动的兴起。这些推动力量相互作用的后果就是西方国家在经受了阵痛之后开始变革，建立起了新社会结构（网络社会）、新经济（"信息资本主义"）和新文化（"现实的虚拟"的互联网文化）。可见，这三者相互助力：资本主义的重建推动了网络社会的兴起①，而网络社会的出现也加速了资本主义的革新。这对20世纪初以来逐渐在公共领域建立起的客观责任体系也带来了巨大冲击。然而，回应这些变革、冲击的合理方式不是全面放弃责任，相反，是提出修改、完善了的新责任。网络责任伦理就是这样的努力。

深入考察就会发现，网络伦理的发展过程向我们演示了人类伦理道德产生、推进的通常形态。有了网络，就会出现坏的使用者和好的使用者，为了避免陷入无序导致网络无法使用和制止最坏的使用者，多数人会表达出自己的声音，并声援好的使用者及其所做出的尝试。人们逐渐协商定出了规则，自发监督人们的执行，对严重违反者予以劝说、警告、训诫甚至限制其使用权限等。换句话说，总有人会自发地站出来扶正祛邪。可见，网络社会的伦理道德最初并不是根据权威（不论哪种权威，如统治者、统治者的代言人以及某些"社会精英"）的意愿预先建立起来的，更不是通过自上而下的指令、管理以及强大的他律、制裁方式维系的，相反，它离不开网络使用者自发自觉的行为。当然，这个过程非常缓慢，其间也会有试错、扭曲，但这个过程对网络伦理的形成而言必不可少。

国际互联网最初是由科研学术网发展而来的，但是随着互联网走出实验室，开启了社会应用之后，以赢利为目的的商业性组织成为互联网的主要建设者，并因此出现了大量的对网络资源的商业性应用，如今互联网公司成为了世界上发展最为迅速的产业群之一。然而，在国际互联网领域，非商业网络与商业性网络是紧密联结在一起的，纵容或听任网络的商业性

---

① ［英］帕特里克·贝尔特、［葡］菲利佩·卡雷拉·达·席尔瓦：《二十世纪以来的社会理论》，商务印书馆2014年版，第312页。

使用，将导致对学术资源和其他社会资源的大量占用并极大压缩它们存在的空间。这样的问题如今日益滋长，已经到了必须认真对待并予以解决的程度。网络使用者应被赋权可以和网络平台企业一道协商、对话，充分利用开放的市场机制和社会言论表达渠道发声，从而寻找彼此可接受的解决策略。网络平台企业有责任为公众的参与予以积极配合并自主做出调整。

2015年6月，由中国互联网协会发起、业界头部企业参与在北京签署了《中国互联网行业协会漏洞信息披露和处置自律公约》，这是首次以行业自律的方式规范漏洞信息的接收、处置和发布工作，该《公约》提出了漏洞信息披露应遵循"客观、适时、适度"三个原则，并倡议签署各方协同配合，共同做好漏洞的验证、评估、修复和用户的主动响应工作。这显示了企业间合作共同解决事关全局的问题之尝试，这种由关联企业直接发起并推动的行动也是网络责任的一种体现。

在国际互联网最早出现的主要西方发达国家，半个多世纪的持续努力产生了足以令人欣慰的结果：西方公众普遍认识到网络社会不只是技术的世界，更是伦理的世界，需要各方共同面对和携手处理。为此，产生了大量的网络伦理（同时包括了计算机伦理、信息伦理）[①] 相关的协会；计算机执业者的伦理责任被明确和细化；学者和技术人员共同制定了伦理准则、课程体系大纲和执业资格认证标准；定期举办年会，不断取得一些共识，同时也产生新的议题；创办了多个学术刊物，促使网络伦理研究走向深入和专门化。这些探索对正在全面进入网络社会的中国提供了可资借鉴的启示。

不能仅仅将互联网视为虚拟空间，现在已经进入线上空间跟线下空

---

① 在英文文献中，"网络伦理学""计算机伦理学""信息伦理学""信息通信技术伦理学""全球信息伦理学"这些词汇通常未做严格区分，它们是在极其宽泛的意义上使用的，因此，可以将上述词语视为同义词或近义词。

间交替共在的社会，网络社会中的全部关系——电商与客户、信息的发布者与接收者、网络平台与网络使用者等——不仅是社会构成性的，还具有内在价值，属于本源性的关系。这种本源性关系构成了网络使用者的存在方式，也正是网络责任的出处。为了保证人们做出合理的道德判断和道德选择、保证责任主体与其行为的一致，就必须提供尽可能全面和真实的事实、真相，在信息高度封闭状态下，或者在过多筛选后的"事实"面前，人们很难做出符合自己真实意愿从而经得起检验的道德推理。过多的过滤后再呈现给网民，这不仅是对绝大多数网民智力的轻视，更是有违自由、开放的网络精神。在笔者进行的个案走访中，就有多位受访者明确指出"国外的网络与国内网络相比更可信。"因为"它们表现为更商业化，言论更为自由，可能更加公正和真实一些。"基于个人化视角的对比中，部分国内新闻网站或搜索引擎被视为"缺陷在于缺乏客观性、独立性，信息有一定的不可信"（男性软件工程师，30岁）。

回顾网络社会伦理形成的历程，可以看到网络社会伦理已经完成了两次较大的转折。一个是从计算机伦理到信息伦理的转变（from computer ethics to information ethics），一个是从信息伦理到商业伦理的转变（from information ethics to business ethics）。当下正在发生从商业伦理到政治伦理的转变。正如有学者所指出的，"不应当把网络化发展看成只是一种新技术的应用，而应当明确承认网络媒体新技术已经推动一种新社会形态诞生，并且，这种新社会形态不是依附于工业社会和农业社会，而是在同这二者的并存中占据了不可替代的主导地位。"[1] 不可否认，网络社会的兴起，带来了新的观点和行为，也形成了新的权力类型和合法性依据的出处，网络责任正在成为网络伦理的最核心内容。

---

[1] 刘少杰：《网络化时代的社会治理创新》，载《中共中央党校学报》2015年第3期，第40页。

（二）网络责任伦理的行为要求

我们在上文分析了现代责任的世俗化依据，即现代责任的形式来自于广大社会成员的日常生活世界，当然是那些划入到公共空间、作为公共事务的方面。在网络社会，网络责任不仅与网络使用者的生活世界，也就是他们如何使用网络有关，而且还与网络类型化的惯例、结构有关，这个内容又被称为网络中的"信息权力"。

相对于传统的经济权力、政治权力，信息权力是网络社会兴起之后才出现的新权力形式，它是指"个人或组织通过信息的有效传递形成社会舆论，从而对他人以及社会产生的影响力"①，这种新权力最初只是零星存在于个别网络用户的表达中，当越来越多的人深度介入网络社会之后，当网络社会的世象越来越直接引起实体社会的连锁反应之后，"信息权力"就成为了无处不在、无法忽视的客观力量。"信息权力"不只是一种新观念，而是正在成为理解网络现象从而恰当定位网络治理的重要前提。不过，只有得到司法部门的明确认可、落实到相应的法规法条之中，"信息权力"才最终被坐实，现实化为当代社会的新权力形式。在今日中国，"信息权力"仍是隐性的、暧昧的存在，尚未得到公开的官方正式认可，一旦信息权力被明确实体化，这将为网络用户增添现实化的力量。然而，与此同时，与信息权力相关的网络责任也将由此变得客观化，网络平台和网络用户都要为信息权力的行使承担相应的责任。网络责任伦理的全部行为要求皆来自于信息权力的行使。

"数字鸿沟"（Digital Divide）的问题应当引起高度关注，它可能是网络责任不到位带来的不良后果之一。"数字鸿沟"显示了网络用户之间

---

① 王冬梅：《信息权力：形塑社会秩序的重要力量》，载《天津社会科学》2010年第4期，第24页。

的不平等，特别是在信息权力上的偏差，在宏观上它还反映了网络社会中的群体区隔和社会排斥，这将对社会信任造成冲击。不过，"数字鸿沟"的含义在不同的网络社会发展阶段有所变化，最初它只是指互联网接入与基本使用能力上的差距，以后则转而指向不同的方面。有学者将数字鸿沟方面的研究主题变化概括为，"第一代研究的核心是拥有者与缺乏者在接入ICT（信息通信技术）方面存在的鸿沟；第二代将研究扩展到ICT素养和培训、ICT利用水平等方面的鸿沟；第三代研究重点放在ICT接入与利用活动之外的信息资源和知识差异上；第四代则重点关注数字化使用带来的社会分化、社会排斥即社会不平等等问题。"[1] 还有学者深入考察了数字鸿沟的具体表现，"网络应用能力的差异可以从几个层面体现：其一是网络的消费能力，即获取、使用网络信息与服务方面的能力；其二是网络的生产能力，例如参与网络内容与服务的贡献的能力；其三是网络社会的互动、表达与参与能力，例如网络交往、利用网络争取个人权利、进行社会参与；其四是将网络应用转化为现实收益的能力，例如通过网络应用提升工作和生活质量、提高社会地位等方面的能力。"[2]

有必要从信息权力角度审视网络安全问题。毫无疑问，"网络安全"，就像财产安全、人身安全一样，本身都具有无可替代的重要价值，应当是一个健全的社会向其国民提供的基本安全。然而，网络安全并非至上的要求，一方面"安全"本身从来不曾是最重要的伦理规范，另一方面"网络安全"相对于实体社会的各类安全的紧迫程度也大打折扣。当网络安全涉及国家利益与公民个体利益的平衡时，就应当做出充分的有效保

---

① 闫慧、孙立立：《1989年以来国内外数字鸿沟研究回顾：内涵、表现维度及影响因素综述》，载《中国图书馆学报》2012年第5期，第83-85页。
② 彭兰：《网络社会的层级化：现实阶层与虚拟层级的交织》，载《现代传播》2020年第3期，第14页。

障，尽可能减少对公民个体利益的侵害，而不是一味倾斜前者，放弃或牺牲后者。特别是对现代国家而言，国家的主权者是全体国民，正是国民的部分权利让渡才有了国家权力，国家权力必须用于保护每一个个体的、真实的国民，所谓责任政府不过是将国家对国民权利的尊重落实在全部行政行为之中。国家的网络监管权力也不过是公民信息权力的部分让渡，对网络使用的限制、审查都应以服务且有利于公民信息权力的实现为前提。国家的网络责任意味着国家承担起保护国民基本权益在网络社会免受任意侵害。

在网络社会还要谨防技术赋权扩大了企业和市场的控制权力，劳动者和消费者的自由选择和休息权由此受到严重侵害。2021年的大年三十，北京一家房企的营销副总裁在工作群里发了45个红包，有5人未领取，该副总裁点名道姓要求这5人在群里公开检讨，并每人发200元红包，如不执行，立即移出群，年后处理。该副总裁的理由是，过年不是放羊，这5人对工作群的消息超过24小时未回复，是缺乏职业素养的表现。该副总裁看似合理的主张显然完全无视了员工的合法权益，休息权是劳动者受到法律保障的基本权利。微信群本是联系业务、提高工作效率的手段，结果却全面侵入员工的休息日和私人空间，造成员工全年无休、24小时待命，有人戏称"这群那群群控制，日钉夜钉钉牢人"，下属被要求"随叫随到""令行禁止"。各种群，成了用人单位的操练场，领导讲话一出，保持严密队形，同一款式回复，"群控制"是员工不可承受之重，是组织对人性、员工权益的漠视，权力的专横和任性暴露无遗。这不是单位领导在履行责任，相反，它是公然践踏员工权益，是对组织权力的滥用。

一些握有极大信息权力的平台公司在承担相应的网络责任上做出了可贵的探索。例如，维基百科网站的一些做法就可圈可点。维基百科网站为了保证发布的词条为公众提供具有参考价值的知识，维持平均水准以上的专业水平，获得读者的高认可度，确定了"真实性三原则"，即观点中立、非原创性研究和可供查证。所谓"观点中立"，正如维基百科创始人吉米·威尔士所言，"你能够写下持久的东西的唯一办法，是和你持完全相反的看法的人也同意你"，维基百科的词条只给出各个立场的人都同意的事实陈述。所谓"可供查证"是指撰写词条的依据来自于如下几个渠道：经专家评审的学术期刊和大学出版社出版的书籍、大学教科书、杂志期刊、有信誉出版社出的书等。所谓"非原创性研究"是禁止任何人在撰写维基百科的词条时仅仅依据未经学术期刊或正式出版物公开发表的观点，无第三方可靠佐证的观点不能成为词条的依据。综上不难看出，维基百科所定义的"真实"并非传统哲学认识论的逻辑真，同样也排除了个人臆见的主观真，而是一种众人认可即为真之类"舆论真"或者说"常识真"的立场，这样的"真实"是一种社会意义上的"真实"，它符合网络责任伦理对后果、客观性和公众尝试等因素的强调。

国内有学者提出以"指导控制"为基础的网络社会中的道德责任。所谓指导控制，包含两个基本成分，一是导致行为的机制必须是行为者自己的，也就是说，凭借作为道德主体的"我"是行为的主人和控制者，"我"可以自由地选择是否做某种行为。二是道德行为必须是对理性的适度反应。[1] 这个观点可能忽视了道德发挥作用的总体特点，即便是网络伦理也难以真正做到对行为的有效控制。

中共中央、国务院于2019年10月颁布了《新时代公民道德建设实施纲要》，其中"五、抓好网络空间道德建设"部分明确提出，"要建立和完善网络行为规范，明确网络是非观念，培育符合互联网发展规律、体现社会主义精神文明建设要求的网络伦理、网络道德。倡导文明办网，推动互

---

① 李涛：《网络社会伦理：一种基于责任伦理的建构》，载《道德与文明》2007年第1期。

联网企业自觉履行主体责任、主动承担社会责任，依法依规经营，加强网络从业人员教育培训，坚决打击网上有害信息传播行为，依法规范管理传播渠道。倡导文明上网，广泛开展争做中国好网民活动，推进网民网络素养教育，引导广大网民遵德守法、文明互动、理性表达，远离不良网站，防止网络沉迷，自觉维护良好网络秩序。"上述要求从内容本身来看都是对的，若能有效落实，确实将对中国网络社会产生积极引导，然而，上述规定过于一般化，一定程度上忽视了网络社会责任的特殊性，简单采取自上而下的命令式，夹杂了行政、准法律、泛社会化要求，并非全部都是伦理规范，自然也不会是从网络责任伦理出发，实施的效果未尽如人意。从目标上看，上述预期本身并没有错，确实是"清朗的网络空间"所必需的，若能转换立场，从"要你做"变成"我要做"，同时将上述要求更加细化从而易于行动和落实，它们将发挥更大的作用。

三、面向未来的网络责任伦理

　　网络被开发出来的最初应用目的是共享和发布信息，门户网站、搜索引擎等网络平台发挥了与报纸、广播、电视相似的作用，但网络被认为是最具有革命性和未来前瞻性的全新传播媒体，因为它将自己客观化为新的社会形态，而今，网络除了发布各类社会新闻、生活信息、娱乐资讯，它本身也进化出了多种业态，"互联网+"已经成为了当代社会最具有活力的新经济增长领域和政治势力较量、意见观点交锋的战场。网络社会、网民已经成为我们每日身处其中的场域或角色，其中包含的网络责任何去何从，这将直接影响人类社会的未来和我们个人的未来职业规划和身处其中的生活世界，这就要求我们放眼未来思考和确定网络责任伦理。

（一）网络责任与代际正义

按照联合国的标准，中国在2000年进入老龄化社会，以北京、上海为首的大城市率先步入老龄化。2021年5月11日国家统计局公布了第七次全国人口普查结果，数据显示，中国60岁及以上的人口达到18.7%，其中65岁及以上的人口约为1.91亿人，占13.5%，比2010年的8.87%上升了4.63个百分点。从一定意义上说，中国老龄化的进程正好与中国互联网的兴起交织在一起。

在当代中国，"数字鸿沟"很多时候就表现为代际差异，老年人在数字融入方面遇到了三个阻碍：数字接入、数字技能、数字思维。在计划经济时代走过的老人习惯于简单机械的命令式灌输，互联网却是自主驱动、自我探索式的，这就使不少老人产生了抗拒和焦虑的心理。但现在很多公共服务都采取了数字化的方式，老人不得不被动学习，家里的年轻人，子辈或孙辈的人，就会"反哺"，当反哺成为常态，必然带来家庭内权力，特别是"话事权"的转移，传统家庭既有的伦理关系和家庭结构在数字化浪潮的冲击下难以自存、延续。

这样的影响很可能是深远的，不仅对家庭内成员关系、权力结构和规则缔结都产生了冲击，而且也延伸到实体社会中不同年龄层、代际间的互动关系模式。"在代际层级中，占据优势地位的是年轻用户这样的数字原住民，而中老年用户虽然在现实社会中通常拥有更多的社会资源和话语权，但网络在一定程度上削弱了他们的权力，却给年轻用户赋权……网络本应成为'后喻文化'最重要的实践场所，但很多年轻用户并不愿意把属于自己的网络空间（特别是亚文化空间）完全开放给他们的长辈，因为不愿意带来更多代际与文化冲突。他们对于长辈在网络文化方面的反哺，也是有限的。网络未必促进了年轻用户与长辈间的交流，反而可能在某些方面进一步强化年轻用户对长辈的防线。"[1] 有学者指出，"创办'阿帕网'的目的，是要促进一个高度等级化的体制里的信息流动，继起的互联网增加信息流动的能力却大到无以复加的程度，结果是它铲平了一切等级系统。"[2] 然而，网络社会的技术主导使得具有技术优势、更为年轻的一代占据了比实体社会大得多的权力。网络社会颠倒了实体社会权力的传统来源和人群构成。

我们完全可以自信地预言，未来的世界是网络社会全面占据各个领域并深入人类生活各个场景、时空之中，它将改变人的认识、思维方式，也重新定义人的存在及其本质。与环境责任不同，人是环境责任的唯一主体，人行使环境责任就是保护环境，协助环境达到自我修复、再造的能力。在网络责任中，不只是人，网络平台、政府部门、社会组织都承担了各自的责任。

网络社会的起点是分布在不同地点的各个电脑终端的瞬间连接，这种连接的命令来自软件程序，而软件程序还被设计成具有自动生成以及部分升级、自主修复的学习功能，这就是人—机对话的原理，也是网络社会所具有的无限想象空间和未来前景所在。若这些想象逐一现实化，就会带来伦理学家们的深切担忧，网络战胜人、网络统治人的图景如何应对？有学者提出，应在算法设计环节，即在人仍处于主导的阶段就要为网络终端设置最底线的伦理准则，这就相当于：即便未来机器进化到完全自动更新、自主成长的高级阶段，也会因"幼年时期"种下的讲道德守伦理规则的

---

① 彭兰：《网络社会的层级化：现实阶层与虚拟层级的交织》，载《现代传播》2020年第3期，第13页。

② ［美］保罗·莱文森：《数字麦克卢汉：信息化新千纪指南》，何道宽译，北京师范大学出版社2014年版，第320页。

"种子"而最终仍然受到人的观念和意志的制约。这种未雨绸缪体现了责任的代际关联，我们此代人要对未来世代的人作出长远考虑，由此意识到自身的当为和不可为的行为要求。可以设想，将来的人们不仅会有更长时间存身于网络社会之中，而且会越来越受到网络社会中的机器、技术的制约，责任伦理的适用范围很可能扩大至这些领域，责任的存在样态和追究方式都会出现今天的人们难以想象的全新面貌。

多年的法制教育和以法治国理念的宣传，很多国人接受了法律规制社会、用法律促成社会秩序的重要性，但很可能走上了另外一个极端，过于相信法律的作用，以为法律可以解决一切，包括道德问题。例如，有人说"网络道德建设的有效途径就是法律监管，政府各个部门在法律的监督下，公民自我道德水平不断提升，就会促进网络道德的提升。但政府才是网络道德建设的主体，政府的正确领导是至关重要的。"（女学生，22岁）还有人提出"任何时候，道德都是个很宽泛的东西，每个人对道德的认同感都不一样，有的人觉得你可以这样做，有的人觉得你不能这么做。最重要的是依法，要有规则去治理网络。如果从道德角度去治理，顶多说你这个人不好，没有一个惩罚的力度，没有一个警醒的作用。任何时候，都要有法律。"（女医生，28岁）

与发达国家相比，中国的网络社会有其自身的特点，网络领域中的法律约束、行政监管、道德自律三者的关系状态还处于调整中，并未建立起全面稳定、明确的结构，对国民的上网行为以及期望的指导都还缺少可预见性。此外，伦理与民族传统文化高度相关，如何挖掘中国传统伦理思想资源并做出符合现时代的创造性转换，这对伦理学界是一个巨大挑战。具体来说，中国语境下网络伦理研究有两个不可忽视的维度：一个是历时态的维度，今日中国人与其自身文化传统的联系；一个是共时态的维度，在社会主义市场经济体制下经济发展、政治进步和社会稳定等多重目标的共同实现。此外，具体到国民个体，即普通的网络用户，他要履行自身的网络责任首先就要有自主的反省意识，要对人自身、人与他人如何相处做出独立的思考，前者反映的是网络用户的自我认同，后者体现的是网络用户的代际正义。有了这两个方面的理性思考，网络用户在履行自身网络责任的同时就在代言未来世代，寻求代际正义，责任与代际正义深度勾连起来，才可以促成网络责任是面向未来、可持续的。

（二）网络责任与公共行政伦理审视

在当代中国，政府是首要的网络责任主体，因此，在督促政府落实网络责任过程中，必须结合公共行政伦理做出有力的证成。我们认为，网络责任伦理建设的成效取决于三个条件：第一，在相关人（网民）中存在共同或近似的价值观念，人们对善恶对错有基本接近的判断，即存在高度共享的基本价值；第二，在该领域（网络社会）存在广泛分布的文化生活，这种文化生活包括了多种生活方式、风俗习惯、交往礼仪等规则和审美意境，提供了超乎经济价值和有用性之上的生活情趣和文化追求。不过，网络社会中的文化内容很可能鱼目混珠，但就其对伦理的升华而言是必不可少的现实基础；第三，存在平等对话、协商的平台，可以为人们解决道德分歧、道德冲突和确定伦理共识提供公共空间。"在中国的现行体制下，互联网最为重要的功能是扮演了'政治机会'的角色，它为从社会到国家的路途增加了一条渠道。也就是说，对于一些国家来说，互联网与传统媒介一脉相承，只是能够达到更快捷、更方便的作用；而对于中国而言，它更加表现为一种'社会设置'，在制度化完备之前，充当利益表达的重要平台。"① 人们因职业角色、社会阶

---

① 刘少杰：《网络化条件下的政府行为》，载《社会科学研究》2014年第5期，第27页。

层、年龄、性别等的不同所持有的道德观一定是非常不同的，社会伦理只是对这些各异共在的道德观念的部分重叠，只是相对一致的共识。网络伦理建设一定是在诸多人群差异化道德观在经过充分的公开争辩之后逐渐确立起来的。伦理差异的残留不足畏惧，在人类所做的一切努力之中总会发生争论，然而一定会有进步的。对网络伦理的主要威胁不是在争论政策是否最佳结束之后仍有不同意见的残留，而是根本没有关于网络伦理问题的争论。

中国政府一向十分重视社会伦理教化的工作，在网络刚刚普及、网络社会形成之初就推出了诸多措施，例如，早在2000年12月7日文化部、团中央、广电总局、全国学联、国家信息化推进办公室、光明日报、中国电信、中国移动等单位共同发起了"网络文明工程"，网络文明工程的主题是："文明上网、文明建网、文明网络"。2001年11月12日团中央、教育部、文化部、国务院新闻办公室、全国青联、全国学联、全国少工委、中国青少年网络协会联合向社会推出《全国青少年网络文明公约》。2002年3月26日，中国互联网协会在北京发布《中国互联网行业自律公约》。2013年8月，国家互联网信息办公室就提出网络言论应坚守"七条底线"，即法律法规底线、社会主义制度底线、国家利益底线、公民合法权益底线、社会公共秩序底线、道德风尚底线和信息真实性底线。2019年10月，中共中央、国务院印发了《新时代公民道德建设实施纲要》，在其中专设"五、抓好网络空间道德建设"针对网络社会中的公民行为自律、社会风气培育等方面提出了较为全面且具体的道德建设要求。

上述要求不可谓不及时、不深入，然而，一些学者所进行的实证研究却显示，政府对网络治理乃至全面控制网络的决心受到了为数不少公众的质疑和反对。例如，在回答如何看待政府加强惩治网络谣言等有害现象的做法这一问题时，18.7%的人坚决支持，认为网络谣言太猖狂，早该严惩；52.2%的人有条件支持，认为要同时保护好网民们的合法权益；20.8%的人担忧，认为惩治网络谣言有被公权力滥用的危险；5.5%的人基本反对，认为惩治网络谣言是公权力对言论自由的侵犯。[①] 我们所做的个案深度走访也表明，有受访者明确提出，"问题不出在网上，网络只是个人信息、立场表达和高效率传输的一个途径。你治它干什么啊，没必要治它。需要做的是这个社会实实在在让每个个体，比方说学习、生活、工作，各个方面都觉得价值得到体现了，没有什么太多的反社会的倾向的话，这个网络根本就不需要治理，它不可能出什么大问题。"（男性高校教师，28岁）

总体上说，目前中国政府对网络的管理方式还是计划经济式的，还未转换到市场经济思维。二十余年的网络领域社会伦理建设虽然取得了一些成绩，也留下了很多问题，包括滞后的网络伦理的理论研究、单一的网络道德培养机制、标准不明的奖惩机制、忽视一般公众使用者特性的网络道德教育模式，等等。对国民的网络使用还是以限制、监督、管控、制裁为主。"立法者对互联网性质和社会后果认识不足，为维护暂时的社会稳定，容易采取最坏情形的假设，采取严格措施以控制信息流通。由此形成的结果有二：一是从实用角度来看，容易将规制线下活动的法律和治理逻辑应用至网络空间中，即将规制'原子'的思路用于规制'比特'；二是导致了政治逻辑和商业逻辑逐渐错位，从而产生了双重问题：一方面对互联网信息的严格控制与一些社会基本价值相互冲突，另一方面由于互联网迅速商业化带来的诸多问题没能得到准确认识和解决。"[②]

[①] 常晋芳等：《乱花渐欲迷人眼——2013年中国网络文化发展现状与趋势调查报告》，《哲学家2014》，人民出版社版2015年版，第309页。

[②] 胡凌：《网络法的政治经济起源》，上海财经大学出版社2016年版，第211页。

政府的主导作用太强，还试图将实体空间的静态网格化管理方式推广到网络空间，这是有很大问题的。"在利益表达机制亟待建设、协商对话解决矛盾渠道缺乏、规制力量强大而严苛、个体网络行为伦理道德相对失范的社会语境中，政府有关部门对互联网的规制常常遭遇许多网民的抵抗，而且常常演变为一种'游击战式''后现代式'的'文化抵抗'。"① 例如，"一些学者发表了对'草泥马'与抵抗互联网审查规制之间关系的评论，如清华大学社会学系教授郭于华借用美国人类学家詹姆斯·斯科特'弱者的武器'（weapons of the weak）和'隐藏的文本'（hidden transcript）的概念，将'草泥马'解读为'草根的表达方式'，具备积极的意义；北京大学新闻与传播学院副教授胡泳，认为红遍网络的'草泥马'现象是在'中国互联网严厉的过滤现状'中，'在被管制者们每天感受的无力、屈辱、顺从和荒谬中'诞生的；北京电影学院教授崔卫平以《我是一只草泥马》一文批评'整治互联网低俗之风专项行动'；同济大学教授朱大可视'草泥马叙事'和'草泥马运动'为话语领域的'群体性时间'，在'放肆地嘲笑被滥用的维权'；同济大学副教授王晓渔称'草泥马'代表了维护个人权利的公民，是有'抗争作用'的'民间话语'。"②

我们要清楚认识到如下两点。第一，政府要有所为和有所不为，政府在何事上作为、如何作为，其根据只能是正式的成文法律特别是宪法的规定；第二，任何时候都需要社会教化，但社会教化不一定都由政府一手包下。中国古代时期存在高度自治的乡村社会，皇权并未在乡村设置任何官

---

① 何威：《网众传播——一种关于数字媒体、网络化用户和中国社会的新范式》，清华大学出版社2011年版，第225页。

② 何威：《网众传播——一种关于数字媒体、网络化用户和中国社会的新范式》，清华大学出版社2011年版，第233页。

僚机构，基本上靠乡绅宗族自治，但传统乡村社会具有丰富的社会资本，包括礼仪、乡规民约、伦常、教化、族规等，就是这些道德性规范在发挥作用。今日的中国网络治理也应从中国传统的乡村治理中获取借鉴，例如地方精英主义、局部或内部事项的自治、基本礼仪的恢复、重申道德教化等，跟中国传统社会的伦常秩序联系起来，建构有机的、自治的礼俗空间社会治理，个体道德信念、人际间的道德关系也会渐进自然扎根。我们要充分吸收中国传统社会治理和民众参与文化建设的经验，创设出当代中国网络道德建设的途径。在无数分散的、相对个体化的网民当中能够怎样构建伦理共同体？前提是首先要在全民间促成较高接受度的价值共识。

当然，政府还应加强协调其他主体履行各自的网络责任，特别是网络平台公司。"借助零边际成本的信息技术，平台企业越来越发展成为一个准公共服务提供者，这与其资本的逐利本性不符。表面上看，人们仍然可以平等地享用免费服务，然而实质是一旦进入某一平台帝国，他享用的是依托其个人信息预测和推荐的个人化服务，逐渐被锁定，转移到其他平台的成本十分高昂。同时，大量不正当竞争案件表明，'连接一切'的另一面是，平台企业采取了技术上更加严格的控制手段以防止免费资源被竞争对手获取使用，例如封杀对手的服务，从而建立起高度垂直整合的'护城河'。"[1] 2011年12月，在中国爆发了CSDN"密码外泄门"事件。CSDN的安全系统遭到黑客攻击，600万用户的登录名、密码及邮箱遭到泄漏。随后，天涯、世纪佳缘等网站相继被曝用户数据遭泄密。经排查，金山毒霸员工疑为隐私泄露源头。这一事件令普通中国网民第一次真切感受到在网络社会个人隐私随时处于暴露的风险之中，应当加强对网络个人信息的保护，应当对网络公司及其从业者提出更高的道德要求。不过，政府对网

---

[1] 胡凌：《网络法的政治经济起源》，上海财经大学出版社2016年版，第330—331页。

络平台公司的监管不能过度、过于频繁，网络社会的活力正得益于网络平台公司具有破坏性的创新。"互联网'非法'兴起和熊彼特所说的'创造性毁灭'是一枚硬币的两面，它不断跨界，以破坏性的姿态进入一个又一个传统行业，在新行业规则形成之前重新界定势力范围。"[①]

技术的迭代更新和各种交友、即时通讯应用程序的开发，既提高了网络社会的参与度，但也隐藏了许多更深层的问题。例如，"在20世纪90年代互联网刚兴起时，流传一句俗话，'互联网上没人知道你是一条狗'，描述的是'网络匿名性'，后来，随着互联网技术的发展，政府的介入和人们对互联网认识的加深，这句俗语已经被改成'有人（政府/企业）知道你是一条狗'，各种监控让普通人几乎不可能完全隐匿身份行事。如今，面对'超级全景监狱'的出现，已经变成'人人都知道你是那条狗——如果他们想知道的话。'"[②] 再例如，"微博的架构决定了其不可能成为公共讨论的空间，人们能够看到的仅仅是各种不同的意见，缺少有实质内容的证据和逻辑。一旦这样的信息环境成为一个国家的主导信息平台，谣言的出现就很难避免，公众的思维也将变得越来越简单，盲目相信意见，缺乏反思和追问的能力，这正是谣言生存的丰沃土壤。"[③] 身处网络社会，不仅开发者，使用者同样要有清醒的责任意识，不盲从、不轻信，坚持自己的独立判断。唯有此，中国网络社会伦理才有望在整个社会及其多数成员持有的现代性价值普及中渐进生成。

---

① 胡凌：《网络法的政治经济起源》，上海财经大学出版社2016年版，第304页。
② 何威：《网众传播———一种关于数字媒体、网络化用户和中国社会的新范式》，清华大学出版社2011年版，第95页。
③ 胡凌：《网络法的政治经济起源》，上海财经大学出版社2016年版，第246页。

参考文献

一、中文著作

[1]陈嘉明. 现代性与后现代性十五讲[M]. 北京：北京大学出版社，2006.

[2][日]富永健一. 日本的现代化与社会变迁[M]. 李国庆，刘畅，译. 北京：商务印书馆，2004.

[3]高兆明. 政治正义——中国问题意识[M]. 北京：人民出版社，2014.

[4]郭良. 网络创世纪——从阿帕网到互联网[M]. 北京：中国人民大学出版社，1998.

[5][德]哈贝马斯. 现代性的哲学话语[M]. 曹卫东，译. 南京：译林出版社，2004.

[6][英]哈耶克. 个人主义与经济秩序[M]. 邓正来，译. 北京：生活·读书·新知三联书店，2003.

[7]何威. 网众传播——一种关于数字媒体、网络化用户和中国社会的新范式[M]. 北京：清华大学出版社，2011.

[8]胡凌. 网络法的政治经济起源[M]. 上海：上海财经大学出版社，2016.

[9][英]吉登斯. 现代性与自我认同[M]. 赵旭东，等，译. 北京：生活·读书·新知三联书店，1998.

[10][英]吉登斯. 社会的构成——结构化理论纲要[M]. 李康，李猛，译. 北京：中国人民大学出版社，2016.

[11][美]基恩. 网民的狂欢：关于互联网弊端的反思[M]. 丁德良，译. 海口：

南海出版公司，2010.

[12]金耀基. 从传统到现代[M]. 北京：中国人民大学出版社，1999.

[13][意]卡尔达雷利，卡坦扎罗. 网络[M]. 李果，译. 南京：译林出版社，2018.

[14][美]卡斯特. 千年终结[M]. 夏铸九，黄慧琦，等，译. 北京：社会科学文献出版社，2006.

[15][美]卡斯特. 认同的力量[M]. 曹荣湘，译. 北京：社会科学文献出版社，2006.

[16][美]卡斯特. 网络社会的崛起[M]. 夏铸九，王志弘，等，译. 北京：社会科学文献出版社，2006.

[17][美]克里斯塔斯基，富勒. 大连接：社会网络是如何形成的以及对人类现实行为的影响[M]. 简学，译. 北京：中国人民大学出版社，2013.

[18]李萍等. 现代社会管理的伦理分析[M]. 北京：中国政法大学出版社，2012.

[19][美]约瑟夫·奈. 硬权力与软权力[M]. 门洪华，译. 北京：北京大学出版社，2005.

[20][美]莱文森. 数字麦克卢汉：信息化新千纪指南[M]. 何道宽，译. 北京：北京师范大学出版社，2014.

[21][美]尼葛洛庞帝. 数字化生存[M]. 胡泳，范海燕，译. 海口：海南出版社，1997.

[22]孙震. 儒家思想的现代使命：永续发展的智慧[M]. 台北：台大出版社中心，2016.

[23][美]雪莉·特克尔. 群体性孤独：为什么我们对科技期待更多，对彼此却不能更亲密[M]. 周逵，刘菁荆，译. 杭州：浙江人民出版社，2014.

[24]万俊人. 现代性的伦理话语[M]. 哈尔滨：黑龙江人民出版社，2002.

[25][日]丸山真男. 日本政治思想史研究[M]. 王中江, 译. 北京：生活·读书·新知三联书店, 2000.

[26][美]韦伯. 新教伦理与资本主义精神[M]. 于晓, 陈维纲, 等, 译. 北京：生活·读书·新知三联书店, 1987.

[27][美]韦伯. 经济与社会：第1卷[M]. 阎克文, 译. 上海：上海人民出版社, 2009.

[28][美]希勒. 数字资本主义[M]. 杨立平, 译. 南昌：江西人民出版社, 2001.

[29][美]西蒙. 管理行为[M]. 詹正茂, 译. 北京：机械工业出版社, 2004.

[30]阎云翔. 中国社会的个体化[M]. 陆洋, 等, 译. 上海：上海译文出版社, 2012.

[31]张燕. 风险社会与网络传播——技术·利益·伦理[M]. 北京：社会科学文献出版社, 2014.

[32]郑永年. 技术赋权——中国的互联网、国家与社会[M]. 北京：东方出版社, 2014.

二、中文论文

[33][美]艾斯. 全国网络的文化与交流：文化多元性, 道德相对主义, 以及一种全球伦理的希望[J]. 华明, 译. 上海师范大学学报, 2006（5）.

[34]常晋芳等. 乱花渐欲迷人眼——2013年中国网络文化发展现状与趋势调查报告[J]. 哲学家, 2014（2015）.

[35]陈建功, 李晓东. 中国互联网发展的历史阶段划分[J]. 互联网天地, 2014（3）.

[36]方兴东, 潘可武, 李志敏, 张静. 中国互联网20年：三次浪潮和三大创新[J]. 新闻记者, 2014（4）.

[37]胡泳. 中国互联网立法的原则问题[J]. 新闻爱好者，2015（8）.

[38]李萍. 近代中国"伦理"概念的再形成[J]. 上海师范大学学报，2012（5）.

[39]李萍. 从社会管理创新看民间社团的开放[J]. 桂海论丛，2013（5）.

[40]李萍. 共同责任观：企业社会责任运动的伦理基础[J]. 云梦学刊，2017（2）.

[41]李涛. 网络社会伦理：一种基于责任伦理的建构[J]. 道德与文明，2007（1）.

[42]刘大椿，张星昭. 网络伦理的若干视点[J]. 教学与研究，2003（7）.

[43]刘少杰. 网络化时代的权力结构变迁[J]. 江淮论坛，2011（5）.

[44]刘少杰. 网络化时代的社会转型与研究方式[J]. 学习与探索，2013（7）.

[45]刘少杰. 网络化条件下的政府行为[J]. 社会科学研究，2014（5）.

[46]刘少杰. 网络化时代的社会治理创新[J]. 中共中央党校学报，2015（3）.

[47]刘少杰. 中国网络社会的集体表象与空间区隔[J]. 江苏行政学院学报，2018（1）.

[48]刘少杰. 中国网络社会的发展历程与时空扩展[J]. 江苏社会科学，2018（6）.

[49]彭兰. 连接与反连接：互联网法则的摇摆[J]. 国际新闻界，2019（2）.

[50]彭兰. 网络社会的层级化：现实阶层与虚拟层级的交织[J]. 现代传播，2020（3）.

[51]宋辰婷，刘少杰. 网络动员：传统政府管理模式面临的挑战[J]. 社会科学研究，2014（5）.

[52]王冬梅. 信息权力：形塑社会秩序的重要力量[J]. 天津社会科学，2010（4）.

[53]王梦瑶，胡泳. 中国互联网治理的历史演变[J]. 现代传播，2016（4）.

[54]田林楠. 自我认同危机与社交网络中的自我呈现[J]. 福建论坛，2016（1）.

[55]闫慧，孙立立. 1989年以来国内外数字鸿沟研究回顾：内涵、表现维度及影响因素综述[J]. 中国图书馆学报，2012（5）.

[56]姚新中. 传统与现代化的再思考[J]. 北京大学学报，2015（3）.

[57]姚新中. 从现代化进程看伦理道德的文化发展战略[J]. 江海学刊，2020（4）.

[58]张康之. 论基于信息的社会治理[J]. 中共杭州市委党校学报，2017（2）.

三、外文文献

[59]John A. Bargh and Katelyn Y. A. Mckenna. The Internet and Social Life[J]. *Annual Review of Psychology*，2014（55）.

[60]M. I. Bockover. Confucian Values and the Internet：A Potential Conflict[J]. *Journal of Chinese Philosophy*，2003（30）.

[61]Pierre Levy. *Becoming Virtual Reality in the Digital Age*[M]. New York and London：Plenum Trade. 1998.

[62]Robert Redfield. *Peasant Society and Culture*[M]. Chicago：University of Chicago Press，1959.

四、网址网页

[63]https：//digitallibrary. un. org/record/845728?ln=en.

[64]http：//news. xinhuanet. com/local/2013-08/13/c_125157321. htm

[65]http：//content. time. com/time/magazine/article/0.9171.1570810.00html.

[66]卢家银. 互联网对传统媒体的颠覆与重构[J]. 中国网信网，2015年12月11日.

后　记

2015年10月，我获得了中央网信办政策法规局委托项目"网络伦理和网络文明建设研究"，自此开始了对网络伦理问题的系统研究，最后完成了8万余字的结项报告，2017年初顺利结项。在承担该项目的过程中，我大量阅读了前人相关研究成果，对网络社会的形成、网络伦理的问题意识等有了初步了解。此外，我还组织学生利用寒假展开了实证研究，在全国十个城乡地点发放了近千份问卷，同时做了30余份深度访谈的个案，积累了第一手的鲜活资料，也对中国普通国民的网络素养做了摸底。

2021年9月，我申请国家社科基金重大项目，招标选题为"文化强国背景下公民道德建设工程研究"，在设计招标书时，我提出了以市场、城乡社区和网络空间为主的"新时代公民道德建设的实现场域研究"，并作为第4个子课题，其中的逻辑理路是：公民道德建设工程的成败很大程度上取决于公民道德是否在上述重要场域被广大公民自觉遵守。十分荣幸的是，本人的相关思考得到了多位专家的认可，获得了立项。

从应用伦理学角度关注网络空间，与国内走在前列的学者相比，我的起步不早，但我接触电脑、利用互联网的时间并不晚。我最早使用的电脑是1993年人大伦理学教研室的286电脑；为了撰写博士论文，我于1994年购买了一台486电脑；为了联系在英国任教的姚新中教授，我于1996年发送了第一封电子邮件。当时的私人电脑和单位电脑都不能联网，要去专门的电脑公司，我去的是人大东门附近的瀛海威公司，我先在公司的电脑写好文字，然后交给工作委员，他替我发送，一份邮件收费5元。现在听起来觉得很贵，可在当时它绝对是比国际电话、电报便宜太多的好东西！

2019年，人大哲学院前院长郝立新教授作为首席专家以"现代化进程中的哲学问题与哲学话语"为题申报"北京市与中央高校共建双一流大学"遴选认定项目，之后又牵头组织与辽宁人民出版社合作，策划了《现代化进程中的哲学问题与哲学话语系列丛书》，并成功入选国家"十四五"时期重点出版规划。我以"网络伦理和网络文明建设研究"的结项报告书为蓝本，做出修改和扩充，以"现代化进程中的中国网络社会伦理研究"为选题提交申请，得以忝列其中。我将本人的国家重大项目的部分思路也融入本书的写作，突出现代性的时代背景、网络社会的公共性以及网民的公民主体地位，从现代责任伦理的现实化切入做出阐发。

在成书的过程中，得到了如下同学不同方式的帮助，在此表达深深的谢意！周瑞春博士提供了诸多图书的电子版；郭毓玮同学耐心地帮我核查了若干原文出处和引用信息；褚乔同学帮我下载了多篇英文文献；作为项目助理的刘丰源同学在联络、填表等方面承担了许多工作。

本书的完成，最要致谢的当然是郝立新教授！没有他的精心策划和适时督促，本书不会这么快杀青。我对辽宁人民出版社的多位同仁充满了谢意，他们为本书的出版倾尽了心血，感谢他们的辛苦付出！

因本人才疏识浅，书中所言难免挂一漏万，期待读者诸君的赐教。若有更多人由此关注并投身中国网络社会伦理的理论构建和实践推广，这将是对本人的莫大嘉许。

李　萍

识于癸卯年正月初三

京城寓所